W0047197

Knaur
MensSana

Von Thomas Schäfer sind bei Knaur außerdem erschienen:

Wie der Tod dem Leben dient
Wenn Dornröschen nicht mehr aufwacht
Wie aus Leiden wieder Liebe wird
Wenn Liebe allein den Kindern nicht hilft
Was den Körper krank macht
Was die Seele krank macht und was sie heilt
So wird Ihr Kind bärenstark

Über den Autor:

Thomas Schäfer, geb. 1960, arbeitet seit vielen Jahren als Heilpraktiker mit dem Schwerpunkt Psychotherapie und Familienaufstellungen.
Alle seine Bücher sind bei MensSana erschienen.

Bei Fragen wenden Sie sich bitte an:
Thomas Schäfer, Burgweg 27, 78333 Stockach/Bodensee
Tel.: 0 77 71 / 91 94 05; Fax: 0 77 71 / 91 94 06
www.FamilienaufstellungenThoSchaefer.de
E-Mail: tho.schaefer@t-online.de

Allgemeine Informationen (Therapeutenliste u. a.): www.hellinger.com
DGfS (Deutsche Gesellschaft für Systemaufstellungen):
Tel.: 0 89 / 38 10 27 10 oder Internet: www.familienaufstellung.org

Thomas Schäfer

Wie aus Beruf Berufung wird

Erfolg und Glück aus Sicht
des Familien-Stellens

Knaur
MensSana

Besuchen Sie uns im Internet: www.droemer-knaur.de
Alle Titel aus dem Bereich MensSana finden Sie im Internet unter
www.knaur-mens-sana.de

Originalausgabe August 2009
Knaur Taschenbuch. Ein Unternehmen der Droemerschen
Verlagsanstalt Th. Knaur Nachf. GmbH & Co. KG, München
Alle Rechte vorbehalten. Das Werk darf – auch teilweise – nur
mit Genehmigung des Verlags wiedergegeben werden.
Redaktion: Ralf Lay
Umschlaggestaltung: ZERO Werbeagentur, München
Umschlagabbildung: Plainpicture/Johner
Satz: Adobe InDesign im Verlag
Druck und Bindung: CPI – Clausen & Bosse, Leck
Printed in Germany
ISBN 978-3-426-87418-9

2   4   5   3   1

Inhalt

Dank

Allen Ratsuchenden, die zur beruflichen Beratung oder zur Beratung in Immobilien-, Finanz- und Erbschaftsfragen zu mir gekommen sind, möchte ich für das entgegengebrachte Vertrauen danken. Zu ihrem Schutz wurden Namen, Orte und unwesentliche Einzelheiten im Text verändert.

Ich danke meinem Kollegen Claus Caspers für seine fachlichen Hinweise zum Manuskript dieses Buches. Meiner Frau Christine danke ich ebenfalls für die kritische Durchsicht des Textes.

Vorwort

Außer der Liebe zwischen Mann und Frau wird wohl kein anderer Lebensbereich so tief mit dem Sinn unseres Lebens in Verbindung gebracht wie der Beruf. Ähnlich wie mit der Liebe hadern viele Menschen auch mit ihrer täglichen Arbeit. Was für den Erfolg in der Liebe gilt, gilt aber auch für den Erfolg im Beruf.[1]

Aus Beruf wird Berufung, wenn wir dem folgen, was die eigene Seele von uns fordert. Ähnlich wie in der Liebe hören wir jedoch oft nur auf selbstbezogene Einflüsterungen. Wir hören nur auf uns, statt uns in den anderen und die Umwelt hineinzuversetzen: Wir wollen erfolgreich sein, ohne nach links und rechts zu schauen. Wie einige der Geschichten dieses Buches zeigen, kann man davon mitunter sogar krank werden.

Wenn wir uns sowohl im Einklang mit unseren familiären Wurzeln befinden und sie achten als auch unsere eigenen Talente fördern und zugleich ethische Maßstäbe berücksichtigen, kann aus Beruf Berufung werden. Fast alle der im Folgenden aufgeführten Fallbeispiele zeigen, dass es einen Missstand bei mindestens einem dieser drei Kernbereiche gibt, manchmal hapert es sogar bei mehreren von ihnen.

Ähnlich wie in der Liebe erleben und erleiden wir auch im Berufsleben viel Schicksalhaftes. Wenn aber aus Beruf Berufung werden soll, verneigt man sich in Demut vor den Prüfungen, denen man ausgesetzt wird, und begreift sie als das, was sie sind: Lernaufgaben, an denen wir seelisch wachsen können.

Die hier aufgezeigten beruflichen Fragen mit ihren seelischen Hintergründen sind weit gefächert: Berufs- und Stellenwechsel, Arbeit und Krankheit, Arbeitslosigkeit, Probleme mit dem Chef, Liebschaften in der Firma, Frühberentung, Mobbing, Prüfungsängste, Firmengründungen und -verwicklungen, familiäres Leid – und wie es auf das Berufsleben wirkt.

Aber auch oft nicht beachteten Fragestellungen wird nachgegangen: Passt meine berufliche Tätigkeit zu meinen Talenten und Fähigkeiten? Entspricht mein Beruf dem, was meine Seele von mir fordert? Habe ich tief im Herzen meiner jetzigen Tätigkeit zugestimmt, oder übe ich sie nur routinemäßig aus?

Wenn ich dem Beruf nicht innerlich zugestimmt habe, wird es immer wieder zu Problemen und Konflikten kommen. Auch der Arbeitsstress ist nur dann gut zu verarbeiten, wenn ich weiß, dass ich mit meinem beruflichen Tun in seelischer Übereinstimmung stehe.

Dieses Buch soll dabei keine Werke über »Organisationsaufstellungen« ersetzen, wie sie beispielsweise von Gunthard Weber, Kristine Alex und anderen verfasst wurden. Im Zentrum stehen weniger Aufstellungen von Teams und speziellen berufsspezifischen Fragen, sondern mehr allgemeine Probleme am Arbeitsplatz, wie sie viele von uns betreffen. Mir ging es auch darum, zu zeigen, in welchem Rahmen Themen des Erwerbslebens in die »normale Aufstellungsarbeit« einfließen und welche wertvollen Lösungsmöglichkeiten sich dabei gezeigt haben. Selbst auf die Paarbeziehung wirkt der Beruf ein, zuweilen sogar ganz unmittelbar, wie es im Kapitel »Liebe am Arbeitsplatz« dargestellt wird.

Der »Job« dient jedem von uns dazu, Geld zu verdienen und uns materiell abzusichern. Arbeit und Beruf sorgen für die Erfüllung seelischer Bedürfnisse ebenso wie für materielles Glück. Auch Erbschaften, Immobilien und Vermögensprobleme beeinflussen unsere materielle Sicherheit und unser seelisches Wohlbefinden. Zur Abrundung habe ich deswegen einen Anhang aufgenommen, in dem auch diese wichtigen benachbarten Themen behandelt werden; denn nicht selten wird unser Berufsleben stark durch Erbschaften, Geldprobleme oder Immobilienfragen beeinflusst. Ein Beispiel dafür ist die Aufstellung der Brüder Beat und Jörg aus dem Kapitel »Verwicklungen in Familienbetrieben«, die fast ebenso gut in den Anhang (»Erbschaften«) hätte aufgenommen werden können. Da es sich aber um den Nachlass eines Firmenimperiums handelt, finden Sie diese Aufstellung im beruflichen Hauptteil dieses Buches.

Auch ohne auf die Seele Rücksicht zu nehmen, mag man im Beruf erfolgreich sein und auch materielles Glück erleben – kann man dabei aber auch *gleichzeitig* dauerhaft inneres Glück erfahren, wenn man nur auf Kosten von anderen lebt und sich um keinerlei seelische Orientierung bemüht? Meine tägliche Erfahrung als Psychotherapeut zeigt mir, dass dies nicht möglich ist.

Methodisch ist noch anzumerken, dass ich in der Arbeit mit

Ratsuchenden nicht ausschließlich mit Aufstellungen gearbeitet habe. Dort, wo andere Methoden zum Einsatz kamen, habe ich das eigens erwähnt.

Einführung
in das Familien-Stellen

Einem Buch wie diesem müsste eigentlich ein umfangreiches Kapitel über die systemische Aufstellungsarbeit vorangestellt werden. Angesichts der weiten Verbreitung der ursprünglich von Bert Hellinger entwickelten Methode kann hier aber auf eine ausführliche Darstellung verzichtet werden. Als einführende Lektüre sei auf mein Buch *Was die Seele krank macht und was sie heilt*[2] verwiesen. An dieser Stelle soll nur das Wesentliche zur Vorgehensweise aufgezeigt werden.

Zwar lassen sich Aufstellungen auch mit Hilfe von Papierscheiben und Holzfiguren[3] in der Einzeltherapie durchführen, doch die viel kraftvollere Möglichkeit ist das Aufstellen in der Gruppe.

Nachdem der Ratsuchende vor dem Seminarleiter und der Gruppe kurz sein Anliegen geschildert hat, entscheidet der Therapeut, auf welche Weise die Aufstellung durchgeführt werden kann. Nicht immer wird die ganze Familie aufgestellt. Falls einzelne ihrer Mitglieder in Frage kommen, wählt der Betreffende sowohl für seine Verwandten als auch für sich selbst Stellvertreter aus der Gruppe aus und stellt sie nach seinem inneren Bild auf.

Anschließend setzt er sich. Immer wieder zeigt sich dann, dass völlig Fremde genau darstellen können, wie sich das jeweilige Familienmitglied in der Tiefe fühlt. Was häufig sichtbar wird, ist die bislang verborgene seelische Dynamik hinter einer Krankheit, einem Paar- oder beruflichen Problem.

Nachdem der Seminarleiter durch verschiedene Schritte eine Lösung gefunden hat, kann der Ratsuchende sich oft auch selbst an seine Position stellen. Am Schluss ist es für ihn zuweilen notwendig, bestimmten Personen noch etwas Wichtiges mitzuteilen.

Sofern es nicht ausdrücklich anders gesagt wird, ist in den Aufstellungsbeschreibungen mit Bezeichnungen wie »Partner«, »Ehefrau« oder dem Namen des Aufstellenden immer der betreffende Stellvertreter gemeint. Wenn ein Ratsuchender selbst in die Aufstellung tritt und damit seinen eigenen Platz einnimmt, wird besonders darauf hingewiesen.

Das Familien-Stellen hat sich in den letzten Jahren weiterentwickelt zu den »Bewegungen der Seele«. Wer innerlich gesammelt in Kontakt mit der Person geht, die er darstellt, kommt in eine sehr langsame, aber dennoch intensive Bewegung. Wenn der Therapeut diesen Bewegungen der Stellvertreter Raum gibt, kann er zeitweise auf Anweisungen verzichten, auch auf sprachliche. Dennoch muss der Therapeut gesammelt bleiben, um an kritischen Punkten der Aufstellung eingreifen zu können.

Aus den Bewegungen der Stellvertreter ergeben sich Lösungen, die oft überraschend und für niemanden vorhersehbar sind. Auch in einigen Aufstellungen, die hier dargestellt werden, überließen sich die Stellvertreter stumm gänzlich ihren aus dem Inneren kommenden Bewegungen.

In jüngster Zeit hat Bert Hellinger die »Bewegungen des Geistes« entwickelt, die in meiner Arbeit jedoch keine Anwendung finden und deswegen hier auch nicht dargestellt werden.

Trotz all dieser neuen methodischen Formen hat das »klassische« Familien-Stellen nach wie vor seine Berechtigung. Denn wenn man beispielsweise eine sogenannte Patchworkfamilie mit Halbgeschwistern, Stiefeltern und dergleichen aufstellt, besteht oft so viel Verwirrung, dass zur Strukturierung bestimmte Themen ausgesprochen werden müssen. Hier liegt der Vorteil der Familienaufstellungen. Doch insbesondere wenn es um Täter und Opfer in einer Familie geht, sind die »Bewegungen der Seele« sehr wirksam, weil Aufstellungen das Geschehen in seiner ganzen Tiefe nur teilweise erfassen; die »Bewegungen der Seele« aber gehen über die Ordnungen der Familie weit hinaus und deuten hin auf unser Eingebundensein in das größere Ganze der Welt. Dazu gehört auch, dass die Klassifizierung in »Gut« und »Böse« in einem anderen Licht betrachtet werden muss, genauso wie die Unterscheidung zwischen Schuld und Unschuld, die im Hinblick auf das persönliche Gewissen wichtig ist. Jeder Einzelne ist nicht nur in seine Familie eingebunden, sondern auch in größere Gruppen, deren Schicksal uns mitbestimmt. Was in diesen letzten Bereichen des Seins gilt, liegt jenseits von traditionellen Wertvorstellungen.

Neben den Familienaufstellungen in der Gruppe und den »Bewegungen der Seele«, die ebenfalls in der Gemeinschaft stattfinden, arbeite ich in der Einzeltherapie auch mit den bereits genannten Papierscheiben und Holzfiguren. Diese Figuren sind für die Geschlechter unterschiedlich geformt und mit Auskerbungen für die Blickrichtung versehen. Sowohl der Ratsuchende als auch der therapeutische Begleiter stellen sich nacheinander über jene Figuren. Auf diese Weise lässt sich körperlich wahrnehmen, wie sich das Familienmitglied in der Seele fühlt. Es wurde schon gesagt, dass diese Form des Familien-Stellens nicht dieselbe Intensität hat wie die in einer Gruppe, doch lässt sich auch auf solche Weise Heilsames erfahren. Voraussetzung dafür ist jedoch, dass man sämtliche Vorannahmen aufgibt und sich innerlich sammelt. Mit der angemessenen Aufmerksamkeit kann man dann sehr schnell eine körperliche Wahrnehmung erleben, die wichtige Hinweise für den weiteren therapeutischen Weg gibt.

Die Leser meiner Bücher haben in der Vergangenheit immer wieder gefragt, ob es sich bei den Teilnehmern der Seminare um Menschen handle, die schon jahrelange »therapeutische Vorarbeit« geleistet hätten. Wie ließe sich sonst erklären, dass die Aufstellungen so erstaunlich positive Wirkungen zeitigten, wurde oft vermutet.
Viele sind verwundert, wenn ich diese Fragen mit Nein beantworte. Die meisten Teilnehmer meiner Gruppen hatten keine längere Psychotherapie hinter sich, und nicht wenige hatten noch nie eine in Anspruch genommen.

Bei zahlreichen Aufstellungen in diesem Buch wird anschließend dargestellt, wie es im Leben des Ratsuchenden weiterging. Dies ist aber nicht bei allen Fällen so, weil sich nicht jeder später noch einmal meldet. Aufstellungen wirken oft über Jahre, deshalb würde ich nie aus Neugier oder »wissen-

schaftlichem Überprüfungsdrang« nachfragen, denn das könnte den seelischen Prozess unterbrechen.

Oft erhalte ich aber Rückmeldungen durch »Zufall« oder erst
Jahre später, wenn sich die Betreffenden wegen eines ganz
anderen Themas an mich wenden, zum Beispiel um eine familiäre oder gesundheitliche Frage zu klären.

Es sei hier auch noch ein Hinweis zum Umgang mit Aufstel-
lungsbildern gegeben. Allen, die zu mir kommen, rate ich, das
Aufstellungsbild in der Zeit nach dem Seminar nicht »mit dem
Kopf« verstehen zu wollen. Es handelt sich ja ohnehin um keine »reale« Abbildung der Wirklichkeit, sondern um ein »Bild
der Seele«. Dieses Seelenbild benötigt Ruhe, damit es sich in
der Stille entfalten kann. Es stellt keine Handlungsanweisung
dar, man solle beispielsweise nun auch direkt den Arbeitsplatz
wechseln bzw. sich anderweitig bewerben. Erst wenn man
nach einer längeren Zeit im Herzen eine Übereinstimmung mit
dem Aufstellungsbild spürt, darf man sich in seinen Lebensentscheidungen davon leiten lassen.

Es erübrigt sich wohl der Hinweis, dass es nie gut sein kann,
wider besseres Wissen, gutgläubig oder ohne eigene Prüfung
dem Wort oder dem Rat eines Therapeuten zu folgen, gleich,
welche Methode er auch angewendet hat.

1.
Allgemeine
berufliche Probleme

Stimmt die Einstellung zum Beruf?

Die wichtigste Frage, die man sich zum Thema »Beruf« stellen sollte, lautet: »Entspricht meine berufliche Tätigkeit dem, was meine Seele von mir fordert?« In den folgenden Beispielen geht es genau um dieses Thema. Als Zweites lohnt es sich, zu fragen: »Habe ich tief im Herzen meiner jetzigen beruflichen Tätigkeit zugestimmt, oder übe ich sie nur gewohnheitsmäßig aus?«

Wenn ich dem Beruf innerlich nicht zugestimmt habe, wird es immer wieder zu Problemen und Konflikten kommen. Auch der Stress bei der Arbeit ist nur dann gut zu verarbeiten, wenn ich weiß, dass ich mit meinem beruflichen Tun in seelischer Übereinstimmung bin. Das Beispiel von Belinda unterstreicht dies.

Außerdem geht es hier um konkurrierende Berufsmöglichkeiten (Johanna) und auch um so außergewöhnliche Berufe wie Hellseherin (Natascha) und Heilerin (Ellen).

»Übe ich als Ärztin meinen Beruf richtig aus?«:
Belinda

Belinda arbeitet seit fünf Jahren als Klinikärztin. Wie weithin bekannt ist, verdienen Krankenhausärzte relativ wenig, müssen dafür aber hart arbeiten. Weder körperlich noch psychisch ist dies leicht zu verkraften. Als der Berufsstress für Belinda anfing, entwickelte sich bei ihr eine Schuppenflechte (Psoriasis).

Belinda: »Ich habe in einer medizinischen Veröffentlichung gelesen, es komme gar nicht so selten vor, dass angehende Ärzte durch beruflichen Stress an Psoriasis erkranken. Das würde ich gern mit einer Aufstellung überprüfen ... [Nach einer Pause:] Bin ich in Übereinstimmung mit meinem Beruf, oder hat die Psoriasis einen anderen Hintergrund?«

Der Seminarleiter: »Von einem solchen Hintergrund der Psoriasis habe ich noch nie etwas gehört. Ehrlich gesagt, kann ich mir das auch nicht so gut vorstellen ... Hautkrankheiten haben oft mit der Mann-Frau-Beziehungsdynamik oder dem Intimleben der Eltern zu tun, von dem sich Kinder nicht abgrenzen können. Aber wir schauen es uns vorurteilsfrei an.«

Belinda wählt eine Stellvertreterin für die Psoriasis, eine für den Arztberuf und eine für alle anderen möglichen Ursachen der Krankheit und stellt sie auf.

Der Seminarleiter (als er sieht, wie die Psoriasis ohne Zögern auf den Arztberuf zugeht): »Das ist verblüffend.«

Auf eine Handbewegung des Leiters setzen sich die »anderen möglichen Ursachen« wieder auf die Stühle. Ohne etwas zu erklären, stellt der Seminarleiter dem Arztberuf eine Frau in den Rücken, und es kommt auch eine Stellvertreterin für Belinda hinzu.

Der Arztberuf: »Die Frau in meinem Rücken ist extrem wichtig für mich, jedenfalls viel wichtiger als Belinda.«

Jetzt wird die anonyme Frau gebeten, sich hinter Belinda zu stellen.

Belinda: »Ich werde ganz stark. Plötzlich fühle ich mich nicht mehr so schwach, wenn ich den Arztberuf anschaue. Ich habe das Gefühl, ich kann jetzt alles gut bewältigen, auch wenn es stressig ist.«

Der Seminarleiter bittet Belinda, in ihre eigene Rolle zu kommen, und sagt: »Weißt du, wer da hinter dir steht und dir so viel Kraft gibt für den Beruf?«

Belinda (lächelt): »Keine Ahnung!«

Der Seminarleiter: »Das ist deine Seele! Die Aufstellung zeigt, dass du tatsächlich einen Beruf gewählt hast, dem deine Seele zustimmt. Allerdings hast du selbst dieser anstrengenden Tätigkeit noch nicht zugestimmt. Du hast dich dem Auftrag deiner Seele noch nicht ergeben.«

Während der Seminarleiter spricht, nickt die Stellvertreterin der Psoriasis. Auf Befragung sagt sie: »Mit der Seele im Rücken braucht Belinda mich nicht mehr! Da kann ich verschwinden.«

Belinda bedankt sich bei der Krankheit für das Wichtige, das sie ihr gezeigt hat. Anschließend dreht sie sich um und schaut der Seele in die Augen. Sie strahlen sich an. Auf Vorschlag sagt Belinda, indem sie eine Hand auf ihr Herz legt: »Mit dir im Rücken bin ich allen Anforderungen meines schweren Berufs gut gewachsen. Ich werde jetzt öfter auf dich schauen.«

Der Seminarleiter: »Das ist sehr gut. So, wie du es gesagt hast, hat es viel Kraft.«

Die Seele nickt bestätigend. Die beiden umarmen sich.

»Soll ich zurück in meinen alten Beruf?«:
Johanna

Johanna arbeitet in einem Kindergarten als ausgebildete Erzieherin. Doch sie ist an ihrem Arbeitsplatz nicht mehr glücklich.

Johanna: »Von den Kindern fühle ich mich mehr genervt, als es in meinem Beruf sein dürfte«, sagt sie selbstkritisch.

Johanna war Bürokauffrau, und sie hat manchmal die Phantasie, sie solle wieder in ihren alten Beruf zurückkehren. Meinen Vorschlag, wir könnten die Berufsmöglichkeiten und sie selbst mit Holzfiguren aufstellen, lehnt sie ab. Sie fragt, ob es noch andere Möglichkeiten gebe. Die Idee, eine kleine Imaginationsreise zu unternehmen, nimmt sie sogleich begeistert auf.

Nachdem Johanna durch die Hinweise des Therapeuten gut entspannt ist, gelangt sie in ihrer Vorstellung in eine Mittelgebirgslandschaft. An einer Kreuzung sieht sie zwei Wege. Der Therapeut schlägt vor, dass einer der Wege für die Bürokauffrau und der andere für die Erzieherin steht. Johanna beschließt, dass der linke Weg ihren alten Weg darstellen soll. Diesen will sie auch als Erstes ausprobieren.

Wie sich schnell zeigt, ist der Weg hart und beschwerlich. Er wird immer steiler, und links klaffen große, gefährliche Abhänge. Hier kommt Johanna nicht so recht vorwärts. Nach endloser Qual beschließt sie, zum Ausgangspunkt zurückzugehen.

Nun wandert sie auf dem rechten Weg. Sie trifft ein kleines Häschen, das ihr den Tipp gibt, doch mal mit anderen Leuten ins Gespräch zu kommen. Tatsächlich trifft sie bald weitere Wanderer. Diese raten ihr, sie solle ins nächste Dorf zum Rathaus gehen. Als sie dort angekommen ist, sagt man ihr, es gebe im Ort drei Kindergärten, der in Rathausnähe sei der ihre. Als sie aus dem Rathaus heraustritt, stürmen ihr plötzlich einige Kinder aus dem Kindergarten entgegen. Sie rufen ihr zu: »Bei uns bist du richtig. Bleib einfach bei uns.«

Nachdem Johanna aus der Phantasiereise wieder zurückgekehrt ist, sprechen wir darüber. Die Bilder deuten an, dass es ein Fehler sein könnte, in den alten Beruf zurückzukehren. Vermutlich wäre es sogar eine Flucht. Der Erzieherberuf ist zwar anstrengend, doch er bietet anscheinend genau die Anreize zur seelischen Entwicklung, die Johanna im Moment benötigt.

Johanna ist von meinen Erläuterungen nicht sehr angetan. Der Gedanke, in ihrem jetzigen Beruf zu bleiben, gefällt ihr gar nicht. Die aktuellen Probleme mit den Kindern an der Arbeitsstelle weisen vielleicht darauf hin, dass Johanna sich ihrem eigenen inneren Kind zuwenden sollte. Was sie im Kindergarten erlebt, kann ihr helfen, alte Kindheitsverletzungen aufzuarbeiten. Ein Weglaufen vor diesen Problemen ist jedenfalls keine Lösung.

Johanna war nicht dazu bereit, sich ihrer eigenen Kindheit zu stellen. Ob sie zurück in den alten Beruf gegangen ist, muss ebenfalls offenbleiben, da wir keinen Kontakt mehr hatten. Immerhin erwähnte sie zum Schluss der Stunde, dass sie auf ganz andere Art und Weise denselben »therapeutischen« Rat erhalten habe wie durch mich. Vor kurzem hatte sie nämlich nachts einen Traum, in dem sie eindringlich davor gewarnt wurde, ihre alte Berufstätigkeit wieder aufzunehmen!

»Soll ich als Kartenlegerin arbeiten?«:
Natascha

Natascha ist als Verkäuferin bei einem großen Kaufhaus angestellt. Sie sagt, diese Tätigkeit öde sie an. Da sie bei sich selbst hellseherische Fähigkeiten entdeckt habe und schon lange privat anderen Menschen die Karten lege, wolle sie ihre berufliche Zukunftsperspektive aufstellen.

Natascha wählt Stellvertreter für die Verkäuferin, die Kartenlegerin und jemanden für sich aus. Die beiden Berufe fühlen sich sehr schwach. Nataschas Stellvertreterin interessiert sich weder für den einen noch für den anderen. Sie dreht sich um, so dass sie sie beide nicht mehr sieht. Dann sinkt sie langsam auf den Boden.

Der Seminarleiter: »Deine Seele hat dich mit einer ganz anderen als einer beruflichen Frage hierhergeschickt.«

Natascha: »Ach ja? Das macht mich aber neugierig.«

Der Seminarleiter: »Die Frage lautet: Willst du überhaupt noch etwas vom Leben – oder hast du schon mit allem abgeschlossen?«

Natascha hat gemerkt, dass es jetzt ernst wird. Sie schweigt und blickt den Seminarleiter trotzig an. Dieser fragt sie nach schweren Schicksalen in der Gegenwarts- und in der Herkunftsfamilie. Natascha zählt einige unwesentliche Begebenheiten auf.

Der Seminarleiter: »Alles, was du mir jetzt erzählt hast, ist völlig kraftlos. Man sieht ganz deutlich in der Aufstellung, dass es dich zu den Toten zieht.«

Dann erwähnt Natascha drei Kinder von jeweils verschiedenen Vätern, die sie hat abtreiben lassen. Diese Kinder werden nun hinzugenommen. Es folgt ein sehr langer Prozess, in dem Natascha, die jetzt in die eigene Rolle kommt, ihre abgetriebenen Kinder ins Herz nimmt.

Danach geht es ihr sichtlich besser. Die Verkäuferin schaut neugierig lächelnd zu Natascha.

Natascha: »O nein, ich will nicht ...«

Die Kartenlegerin hat sich unterdessen in den hintersten Winkel des Raums zurückgezogen und sich dann umgedreht.

Der Seminarleiter wählt eine Frau aus der Gruppe aus und stellt sie dazu. Diese Frau schaut sehr skeptisch zu der Kartenlegerin und dann zu Natascha.

Der Seminarleiter zu Natascha: »Komm mal mit und stell dich neben die Kartenlegerin.«

Natascha stellt sich neben sie, doch diese kratzt sich am Arm und sagt: »Ich will sie hier nicht ...«

Die anonyme Frau: »Da wird es mir übel, wenn ich Natascha neben der Kartenlegerin sehe! Da gehört sie nicht hin!«

Der Seminarleiter zu Natascha: »Weißt du, wer diese Frau ist?«

Natascha: »Nein.«

Der Seminarleiter: »Das ist deine Seele. Offensichtlich stimmt sie nicht zu, wenn du Kartenlegerin wirst. Das Gewöhnliche ist in deinem Falle das Beste.«

Natascha (schmollt): »Keiner gönnt mir was ...«

Der Seminarleiter: »Jetzt bist du wieder ein kleines trotziges Mädchen. Als Verkäuferin kannst du keinen großen Schaden anrichten, als Kartenlegerin schon!«

Natascha: »Nein, nein, ich sage nur gute Sachen!«

Der Seminarleiter: »Genau! Du nimmst das Geld der Leute und veräppelst sie! Was für eine Berufseinstellung ...!«

Natascha schüttelt heftig den Kopf.

Der Seminarleiter: »Was du hier gesehen hast, sind Bilder der

Seele. So wie jeder andere Teilnehmer musst du in den Wochen nach dem Seminar selbstverantwortlich prüfen, was du davon nehmen kannst und was nicht. Jedenfalls hast du dir über den ethischen Aspekt beim Kartenlegen noch keine Gedanken gemacht.«

Diese Aufstellung hat einige Ähnlichkeiten mit der Geschichte von Ellen. Ellen ist Lehrerin. Sie spielte mit dem Gedanken, nur noch als Heilerin zu arbeiten. Dies wollte sie insbesondere mit der Unterstützung von Engeln tun. In der Aufstellung stellte sie zunächst die Heilerin, sich selbst und das spirituelle Ziel auf. Die Heilerin schaute Ellen skeptisch an, und es entfuhr ihr spontan der Satz: »Du bist eine Betrügerin!«

Auf meine Frage an Ellen, ob es nicht auch sehr spirituell sei, wenn man den Kindern in der Schule Werte und Perspektiven für die Zukunft vermittle, zuckte sie nur die Schultern.

Es soll hier nicht das Kind mit dem Bad ausgeschüttet werden: Zuweilen ist jemand von der Seele berufen, als Heiler zu arbeiten. Auf diejenigen, die ich in meiner praktischen Arbeit kennengelernt habe, traf dies jedoch nur sehr selten zu. Vielen geht es allein um die Befriedigung des Egos. Diejenigen, die wirklich seelisch berufen sind, wissen es von selbst und verirren sich anscheinend selten in meine Seminare! Sie wissen um den Auftrag ihrer Seele, ohne dass sie dafür eine Bestätigung suchen. Wer als Hellseher, Heiler oder Ähnliches arbeitet, ohne von der Seele dazu berufen zu sein, zahlt dafür jedenfalls einen teuren Preis.

Schweres aus der Familie wirkt auf die Arbeit

Wenn es im Beruf gar nicht vorangeht, liegt das zuweilen daran, dass besonders schwere Schicksale auf die ganze Familie wirken. Nicht selten geht es um Familiengeheimnisse, die nie ganz gelüftet werden. Mit solchen Geheimnissen werden wir in der Geschichte von Carsten konfrontiert. Weitere Beispiele zeigen ein schweres persönliches Schicksal eines Elternteils (Jochen) und Opfer-Täter-Verbindungen aus der NS-Zeit (Wenzel). In fast allen der folgenden Aufstellungen gibt es sehr viele Tote in der Familie.

»Wann kommt mein Durchbruch als Filmemacher?«:
Carsten

Carsten ist Anfang vierzig und er sprüht vor Charme, Witz und Kreativität. Er schreibt Bücher und produziert Filme, doch leider ernährt ihn seine Kunst mehr schlecht als recht.
Carsten: »Ich habe keine Lust mehr – alles, was ich mache, ist erfolglos. Meine Eltern waren schon als Künstler beruflich tätig. Vielleicht sollte ich mir einen anderen Beruf aussuchen.«
Carsten erzählt, seine Mutter beschäftige sich bereits lange mit dem Tod. Sie sei zwar noch gesund, habe aber panische Angst vor dem Sterben. In Gesprächen mit ihr habe er versucht, ihr die Angst zu nehmen; er sei jedoch erfolglos geblieben.
Der Seminarleiter: »Hat deine Mutter ein Geheimnis?«
Carsten: »Da gibt es dunkle Vermutungen von zwei Abtreibungen, eine jedenfalls ist sicher. Und auf meines Vaters Seite gibt es noch einen Sohn aus einer früheren Verbindung.«

Der Seminarleiter: »Ich schlage vor, wir stellen das Berufliche noch nicht auf, sondern erst einmal die Familiensituation. Vielleicht brauchen wir es dann ja auch gar nicht mehr.«

Es werden Carsten und seine Eltern aufgestellt. Die Mutter bricht sofort zusammen. Die Stellvertreterin krümmt sich auf dem Boden und schreit ununterbrochen.

Der Seminarleiter: »Geh sofort gut aus der Rolle, sie überfordert dich.«

Der Seminarleiter bittet eine andere Frau, in die Rolle der Mutter zu gehen. Auch diese Stellvertreterin lässt sich schluchzend fallen. Ein zusätzlicher Mann als Stellvertreter für das abgetriebene Kind kommt herein. Die Mutter schreit auf panische Weise und flüchtet vor dem toten Kind.

Der Seminarleiter: »Man sieht, dass dies keine normale Abtreibung war. Hier gibt es ein Geheimnis.«

Währenddessen hat der Vater die Hände nach Carsten ausgestreckt. Carsten stellt sich an seine Seite und strahlt. Dazu wird auch ein Mann für den Halbbruder aufgestellt. Er versteht sich auf Anhieb mit Carsten, der mittlerweile in die eigene Rolle gekommen ist. Die beiden Brüder umarmen sich. Spontan entschlüpft es dem Halbbruder: »Jetzt geht es mit dem Schreiben und den Filmen erst richtig los!«

Der Seminarleiter zu Carsten: »Kümmere dich nicht um die Geheimnisse deiner Mutter, schau nur auf deinen Vater und deinen Halbbruder. Das ist hier das Richtige! Das andere lässt du bei der Mutter.«

Die Mutter wirkt völlig abgedreht und ist nicht ansprechbar.

Carsten kommt nach zwei Jahren erneut in ein Seminar, um ein weiteres Familienthema aufzustellen. Sein Feedback liest sich wie ein modernes Märchen. Er erzählt, dass er bald nach der Familienaufstellung in Hollywood den Auftrag seines Lebens erhalten habe. In entscheidender Funktion hat er einen Vertrag bei einem bekannten US-Filmunternehmen unterschrieben: Der Streifen wurde ein Kassenhit. Aus Diskretionsgründen sei hier auf die Einzelheiten nicht eingegangen. Carsten geht es beruflich seitdem so gut wie nie in seinem Leben. Er ist persönlich davon überzeugt, dass die obige Aufstellung der Schlüssel zu seinem Erfolg war.

Die Krankheit des Vaters:
Jochen

Jochen hat schon mehrere Berufe ausgeübt, aber nirgends den Erfolg erlebt, den er sich immer gewünscht hatte. Momentan arbeitet er als freier Unternehmer. Vor kurzem kam ihm eine Geschäftsidee, die sehr gute Perspektiven aufwies. Doch nun bläst ihm wieder Gegenwind ins Gesicht.

Jochen vermutet, dass es irgendetwas gibt, was seine Ängste vor großem Erfolg erklären könnte. In einer Aufstellung mit Hilfsmitteln wie Holzfiguren und Papierscheiben zeigt sich schnell, dass diese Probleme mit dem Vater verbunden sind. Auf Nachfrage erzählt Jochen, sein Vater habe mit Ende zwanzig all seine beruflichen Ambitionen beerdigen müssen. Er erkrankte an einem neurologischen Leiden, das kein normales Arbeitsleben mehr zuließ. Während Jochen darüber redet, wächst seine Betroffenheit. Ist er solidarisch mit ihm? Die Erfahrung zeigt, dass es in einem solchen Fall nicht leicht ist, mehr Erfolg als der Vater zu haben!

Jochen steht auf seiner eigenen Holzfigur und sagt dem Vater: »Ich verneige mich vor deiner Krankheit und den Auswirkungen, die sie auf deinen Beruf hatte. Bitte segne mich, wenn ich mich traue, in meinem Berufsleben erfolgreich und mutig zu sein!«

Jochen spürt, dass diese Sätze stimmen. Die weitere Arbeit macht aber noch tiefer liegende Wurzeln deutlich: Der Vater war unsichtbar nur von Toten umringt. Als kleines Kind hatte er seine Mutter durch einen Unfall von einem Tag auf den anderen verloren. Exakt das gleiche Schicksal erlebte der Vater dann mit seiner ersten Frau. Sie war hochschwanger gewesen, als sie ums Leben kam. Das Kind, Jochens ungeborenes Halbgeschwister, starb ebenfalls bei diesem Unfall.

All diese Umstände wiegen so schwer, dass ich Jochen rate, sie in einer Gruppe aufzustellen. Es zeigt sich immer wieder, dass schweres Familienschicksal auf die eigene Lebenskraft einwirkt, die man für die berufliche Arbeit benötigt.

Ob Jochen sich tatsächlich später zum Aufstellen bei einem Kollegen angemeldet hat, ist mir unbekannt. In meine Gruppen kam er jedenfalls nicht, und so kann ich auch nicht sagen, wie es in seinem Leben weitergegangen ist.

»Ich bin stets auf der Flucht«:
Wenzel

Wenzel erzählt, er stehe »ständig unter Strom«. Die letzten zwanzig Jahre seien dadurch geprägt, dass er in kurzen Abständen immer wieder sein Leben in panischer Angst neu organisiere, wie er es nennt. Ein gleichbleibender Zustand im Privat- oder Berufsleben sei für ihn nicht auszuhalten, so dass er stets den Wechsel suche: »Ich wechsle von Zeit zu Zeit meinen Arbeitsplatz und die Partnerin.« Jetzt, um sein vierzigstes

Lebensjahr, bereitete ihm das mehr Sorgen als früher. Dieser stete Veränderungswille, so Wenzel, wird von einer massiven Nervosität begleitet, zuweilen von Panikzuständen und hemmungslosen Aggressionen. Außerdem leide er unter Höhenangst.

Wenzel ist der jüngste von vier Brüdern. Das erste Bild der Aufstellung zeigt, wie alle Familienmitglieder in dieselbe Richtung schauen, einige blicken dabei auf den Boden. Wie Wenzel auf Nachfrage berichtet, ist der Bruder des Vaters Opfer der NS-Euthanasie. Der Onkel war psychisch gestört und wurde von den Nazis in eine Anstalt gebracht. Dort töteten sie ihn.

Nach dieser Information werden ein Stellvertreter für den Onkel und einer für einen Täter hinzugenommen, die sich auf den Boden legen. Nach einiger Zeit der Stille kann der Täter den Blick nicht vom Opfer lassen. Die Mutter beginnt zu schluchzen.

Unvermittelt sagt der Täter zum Opfer: »Du bist sehr stark!«
Als Wenzels Stellvertreter sich dem Onkel nähern will, sagt dieser zu ihm und den anderen Verwandten: »Bleibt! Bitte!«
Nach sehr langer Zeit des Schweigens, in der Opfer und Täter in einem stummen Dialog sind, streckt der Täter dem toten Onkel die Hand hin. Doch dieser ergreift sie nicht. Erst nach einer längeren Zeitspanne hat er sich der Hand seines Mörders so weit angenähert, dass er sie schließlich ergreift und sie sich beide vereint von der Familie abwenden und die Augen schließen.

Nach der Aufstellung berichten die Stellvertreter der Kinder, dass sie das Gefühl hatten, etwas Verbotenes sei endlich gezeigt und ausgesprochen worden: »Dieser Mord hatte nie existieren dürfen, erst jetzt ...«

In einem Kontakt anderthalb Jahre nach der Aufstellung erzählt Wenzel vom Verschwinden der Höhenangst. Auch die Aggressionen im Alltag, die Flucht vor dem Leben und die panischen Zustände sowie die Berufs- und Partnerwechsel sind nicht mehr wiedergekommen. Stattdessen fühlt er sich ruhig und ausgeglichen. An den Ermordeten denkt er noch von Zeit zu Zeit.

Weitere drei Jahre später, als Wenzel ein anderes Thema aufstellt, bestätigt er, dass die positiven Ergebnisse der damaligen Aufstellung vorgehalten haben.

Einige Ähnlichkeiten mit Wenzel hatte ein Mann, der über ständiges Getriebensein im Beruf klagte. Dabei war er sich darüber im Klaren, dass dies nicht mit der Natur seiner Arbeit zu tun hatte, sondern von innen kam. In einer Aufstellung fühlte sich der Stellvertreter des »beruflichen Getriebenseins« völlig verbunden mit der Vertreibung und Flucht der väterlichen Familie aus dem Sudetenland. In dieser Aufstellung hatte der Stellvertreter der Heimat, des Sudetenlands, eine sehr starke Wirkung auf alle Familienmitglieder. Als der Klient deren Heimatverlust achten konnte, sagte der Stellvertreter des beruflichen Getriebenseins, dass man ihn nun als Stellvertreter nicht mehr brauche und er eigentlich verschwinden könne.

Die Wirkung der Eltern auf den Beruf

Männer sind meist erfolgreich, wenn sie den Vater im Rücken spüren und sich mit ihm in Einklang befinden. Bei Frauen kann es dagegen sowohl der Vater als auch die Mutter sein. Wer seine Eltern jedoch zutiefst ablehnt, der lehnt sich selbst als Mensch ab. Wie könnte man auch bei einer Abneigung gegenüber der eigenen Person erfolgreich im Beruf sein?

In den folgenden Fallgeschichten werden wir Zeuge, wie sich die Änderung der Einstellung gegenüber den Eltern positiv auf die berufliche Entwicklung auswirkt. Auch bestimmte Qualitäten im Beruf, zum Beispiel Führungskraft, können mit der Achtung gegenüber den Eltern verbunden sein.

Eine besondere Situation ergibt sich, wenn jemand seine leiblichen Eltern nie erlebt hat und beispielsweise Adoptivkind ist. Mit einer solchen Lebensgeschichte fühlt man sich schnell überall unerwünscht und überflüssig, selbst dann, wenn es objektiv gar nicht so ist.

Die Kindheitserwartung der Ablehnung durch andere wird schnell auf die berufliche Situation übertragen. Ein junger Mann, der als Kind adoptiert worden war, klagte darüber, dass er dauernd seine Stelle wechseln müsse, weil er sich nirgends heimisch fühlen könne. Es war ihm gar nicht bewusst, dass er seine Familiensituation auf den Beruf übertragen hatte. In der Aufstellung war er sehr tief mit den biologischen Eltern verbunden, die schon lange tot waren und die er nie kennenlernen konnte. Mit viel Schmerz nahm er Abschied von ihnen. Erst als er seine Adoptiveltern im Rücken spürte und sie ganz als Eltern nehmen konnte, ging es dem Stellvertreter des beruflichen Problems gut: »Wenn er mit seinen Adoptiveltern im Herzen zur Arbeitsstelle kommt, wird es keine Probleme geben«, sagte dieser zum Schluss.

Aber auch wenn ein Kind einige Jahre getrennt von den Eltern aufwächst, kann dies schwerwiegende berufliche Probleme mit sich bringen, so, wie es bei Sabrina der Fall war.

Besonders wichtig für die Stellung und das Ansehen im Beruf ist die innere Einstellung zu den Eltern, wie uns die Beispiele von Silke, Norbert, Carmen und Sven zeigen.

Erfolglos als Malerin:
Silke

Silke fühlte sich schon in jungen Jahren dazu berufen, Malerin zu werden. Doch obwohl ihre Bilder Anerkennung finden, ist ihr der Durchbruch noch nicht gelungen. Sie erzählt, Depressionen stünden ihr immer im Wege, gute berufliche Angebote zu nutzen: »Ich traue mich nicht, im entscheidenden Augenblick zum Telefonhörer zu greifen oder irgendetwas Naheliegendes zu tun, was jeder andere in meiner Situation machen würde. Oft ist es sogar so, dass ich große berufliche Chancen absichtlich bzw. ›unabsichtlich absichtlich‹ ungenutzt vorüberziehen lasse. Auch wenn ich Ausstellungen habe, nehme ich den Papierkram leider nicht sehr ernst, was Nachteile für mich bringt. Ohne diese Depressionen wäre ich mit Sicherheit zumindest so erfolgreich, dass ich gut vom Malen leben könnte.«

Silke hat eine Mäzenin, die sie fördert, und hier und da macht sie auch etwas »Kunstfernes«, womit sie sich finanziell gerade so über Wasser hält. Doch immer bleibt das unbefriedigende

Gefühl, dass sie sich selbst sabotiert. Auch eine intensive jahrelange Psychotherapie, so berichtet sie, hat ihr bislang nicht geholfen.

In einer Aufstellung mit Papierscheiben wählt Silke für ihren beruflichen Erfolg ein runde (»weibliche«) Scheibe und eine weitere für sich. Die beiden stehen Rücken an Rücken ...

Als wir uns daraufstellen, können wir spüren, dass weder der berufliche Erfolg Interesse an Silke hat noch umgekehrt. Nun stellen wir ihre Mutter dazu und deren Vater, der im zweiten Lebensjahr der Mutter an Hepatitis starb. Außerdem kommen noch die Mutter der Mutter hinzu, die psychisch krank war, und deren Zwillingsschwester, die bei der Geburt starb. Ihren jüngeren Bruder stellt Silke nicht auf. Diese fünf Personen (einschließlich des beruflichen Erfolgs) blicken nun mit einigem Abstand auf Silke. Silke stellt sich auf ihre Scheibe. Es dauert eine Weile, bis wir uns in die Familiensituation eingefühlt haben. Auf Vorschlag des Therapeuten blickt Silke die fünf Stellvertreter an und sagt ihnen: »Im Angesicht eures Leids verzichte ich gern auf meinen beruflichen Erfolg. Was zählt er schon im Vergleich zu eurem Leid?« Silke spricht die Sätze nach und weint. Sie nickt: »Es stimmt!«

Der Seminarleiter gibt Silke eine Übung mit auf den Weg. Sie soll diesen Satz zu Hause zu jedem Einzelnen der vier sagen und ihnen dabei tief in die Augen schauen. Wie reagiert er oder sie? Freuen sich die Verwandten oder sind sie traurig über so viel Solidarität?

Es ist schon an der Zeit, die Stunde zu beenden und sich zu verabschieden. Dennoch spüren wir, dass noch etwas Wichtiges fehlt. Etwas war nicht rund. Dem Seminarleiter fällt jetzt im Nachhinein ein, dass Silke abwertend über ihre Eltern gesprochen hat. Auf Nachfrage erzählt sie dann, dass sie den

Eltern seit Jugendzeiten den Tod gewünscht hat: »Meinen Eltern ging es nur um den Spaß im Leben. Ich kam für ihr Spaßleben viel zu früh, weswegen sie mich ein Jahr nach meiner Geburt bei meiner Oma abgeliefert haben. Nur alle zwei Wochen kamen sie, um mich mal kurz zu begutachten. Erst als ich vier Jahre war, hatten sie ein Einsehen und nahmen mich wieder zu sich. Meine Existenz war einfach nur störend für ihr Partyleben.«

Beim Abschied verabreden wir, dass Silke entweder noch einmal kommt oder sich direkt für das nächste Seminar anmeldet, um in der Gruppe ihre Situation mit den Eltern aufzustellen.

Silke entschied sich für Letzteres, und so geriet in Vergessenheit, welches Resultat die »Hausaufgabe« hatte.

Silke ging es dann im Kurs nicht um das Berufliche, sondern direkt um die Depression. Der Seminarleiter erinnerte sich daran, dass Silke ihren Eltern den Tod gewünscht hatte, und fragte sie vor der Gruppe danach.

»Ja, ich war fünfzehn oder sechzehn, da begann es. Wenn sie zusammen weggefahren sind, wünschte ich mir, dass sie nie mehr zurückkämen. Ich sprach mit mir selbst: ›Ach, wenn sie doch überfahren würden ... dann wäre ich sie los! Oder wenn sie mit dem Auto einen Unfall bauten.‹ Als sie dann einmal zurückkamen, berichteten sie, dass sie tatsächlich mit dem Wagen ins Schleudern gekommen waren. Da ärgerte ich mich, weil es nicht geklappt hatte!«

Ein Raunen geht durch die Gruppe. Meiner Erfahrung nach ist es in solchen Fällen oft lohnenswert, sich die Frage zu stellen, wer denn tatsächlich im Familiensystem wem den Tod gewünscht hat. Erfahrungsgemäß handelt es sich bei Silkes Empfinden um ein übernommenes Gefühl und nicht nur um die

Rache dafür, dass sie als Kind von den Eltern ignoriert wurde. Glücklicherweise ist es aber für Lösungen nicht immer wichtig, dass sich die Ursachen vorher zeigen. Der Seminarleiter vertraut dem, was sich in der Aufstellung ergibt, auch wenn die Ursachen nicht sichtbar werden oder es sich nicht anbietet, ihnen nachzugehen.

Auf Vorschlag des Seminarleiters sucht Silke nur Stellvertreter für sich und die Eltern, nicht jedoch für ihren jüngeren Bruder. Die Wirkungen ihres Wunschs, die Eltern sollten sterben, zeigen sich mächtig: Diese stehen nebeneinander und blicken auf die Tochter. Die Mutter fühlt sich sehr unbehaglich und wendet sich von der Tochter ab. Der Vater blickt die Tochter nur kurz an und verweilt mit seinem Blick bei der Frau, so, als wolle er Silke nicht mehr anschauen, weil er es nicht aushält. Silke sieht müde und resigniert zwischen den Eltern hin und her und wendet sich ab. Doch nach einer Weile geht ein kurzer Ruck durch sie, und sie schaut sie wieder an.

Auf Vorschlag des Seminarleiters sagt Silke: »Lieber Papa, liebe Mama, ich habe euch den Tod gewünscht!« Bei der Mutter verändert sich nichts. Während Silke den Vater anblickt, entsteht eine Mischung von Zorn, Schmerz, Hilflosigkeit und Trauer auf seinem Gesicht.

Silkes Stellvertreterin beginnt zu zittern. Der Therapeut ermuntert sie, ihrer Bewegung zu folgen und sich zu knien. Doch dann besinnt er sich und holt Silke in ihre eigene Rolle. Silke macht nun die tiefstmögliche Verbeugung vor ihrer Mutter und auch vor dem Vater: Auf den Knien geht die Stirn in Kontakt mit dem Boden, und die Hände werden weit nach vorn ausgestreckt. Die Handflächen weisen dabei nach oben.

Kaum hat Silke dies getan, atmen beide Eltern hörbar auf, und ihre Gesichtszüge entspannen sich. Der Seminarleiter weist

Silke an, gleichmäßig und tief zu atmen. Nach einer Weile beginnt sie zu schluchzen. Nun wird sie aufgefordert, sich mit dem Oberkörper aufzurichten und die Eltern anzuschauen.

Der Seminarleiter: »Sag deinen Eltern: ›Ich bin böse auf euch! Ihr wolltet nur euren Spaß!‹«

Die Eltern nicken und schauen sich etwas schuldbewusst an.

Der Seminarleiter: »Sag ihnen: ›Mama, es tut mir leid, dass ich euch den Tod gewünscht habe. Papa, es tut mir leid, dass ich dir den Tod gewünscht habe.‹«

Silke nimmt mehrere Anläufe, bis sie es unter Tränen sagen kann. Wieder atmen die Eltern hörbar durch und entspannen sich zusehends.

Der Seminarleiter: »Jetzt sag ihnen: ›Ihr seid für mich die Richtigen! Ich stimme allem zu, was ihr mit mir gemacht habt, auch wenn es schlimm für mich war. Diesen Preis für mein Leben bezahle ich gern. Danke für alles, was ihr mir gegeben habt. Ich mache was daraus.‹«

Silke spricht die Sätze, und die Eltern strecken die Hände nach dem Kind aus, damit es wieder aufsteht. Der Seminarleiter unterbricht das jedoch: »Das geht zu schnell! [Zu Silke gewandt:] Sag ihnen: ›Gebt mir wieder eine Chance als Tochter, aber macht es mir nicht zu einfach.‹« Alle Beteiligten können dem zustimmen.

Der Seminarleiter hat den Eindruck, dass es »rund« war und keinerlei Notwendigkeit besteht, sich zu fragen, welches Familienmitglied wem vermutlich früher schon einmal den Tod gewünscht hat. Im Lauf des Seminars macht er aber noch eine Beobachtung: Silke wird oft in jene Rollen gewählt, in denen es darum geht, sich sehr tief vor einer Mutter oder einem Vater zu verbeugen, die verachtet worden waren.

Zwei Jahre später erhalte ich eine Rückmeldung, wie es im Leben weitergegangen ist: Silkes Depressionen sind nach der Aufstellung dauerhaft verschwunden. Aus ihr ist eine erfolgreiche, anerkannte Künstlerin geworden, die ihre beruflichen Angebote gut zu nutzen gelernt hat. Endlich kann sie von ihrer Arbeit leben, sogar »sehr gut«, wie sie betont. Sie selbst ist der Meinung, dass diese Wandlung auf die Veränderung ihres Verhältnisses zu den Eltern zurückzuführen ist. Andere Formen der Therapie hatte sie nicht mehr in Anspruch genommen.

Ihr abschließender Kommentar: »Durch meine Depression hatte ich mir den Erfolg nicht gegönnt. In den letzten zwei Jahren durfte ich ihn mir endlich erlauben! Ohne die Aufstellungen wäre das nie geschehen.«[4]

»Ich bin immer nur der Ersatzmann«:
Norbert

Norbert klagt darüber, dass er sein ganzes Leben nie Leitungsfunktionen ausgeübt hat. Immer musste er bescheiden im Hintergrund bleiben, obwohl er oft gute Ideen hatte.

Früher als Jugendlicher im Tischtennisverein war es genauso wie heute in der Behörde, in der er seit zwanzig Jahren arbeitet. Andere Kollegen in seinem Alter, Norbert ist knapp fünfzig, haben ihn schon längst auf der Karriereleiter überholt, während er noch immer brav den anderen den Vortritt lässt. Norbert meint, er sei selbst schuld. Er sei einfach zu entgegenkommend, zu wenig kämpferisch und selbstbewusst.

Er wählt einen Stellvertreter für sich und den »ewigen Ersatzmann«, außerdem für seinen Vater. Norbert und der Ersatzmann stehen sich etwas misstrauisch gegenüber. Norberts Stellvertreter wendet sich langsam von ihm ab.

Der Seminarleiter zu Norbert: »Wenn man sich die Mienen anschaut, sieht man, wer der Ersatzmann ist!?«

Norbert (nach einer kurzen Pause): »Mein Vater?«

Der Seminarleiter: »Ja, dein Vater – magst du in deine Rolle gehen?«

Norbert nickt und geht in seine eigene Rolle.

Norbert ist mulmig zumute. Er legt sich die Hand auf den Bauch, als ob es ihn dort drücke. Dann beginnt sein Bauch leicht zu zittern, und der Kopf zuckt.

Der Seminarleiter (ermunternd) zu Norbert: »Lass alle Bewegungen zu, die kommen.«

Norbert gibt sich einen Ruck und schaut seinem Vater in die Augen. Norberts anfangs harter Blick wird weicher. Sein Körper sackt langsam zusammen.

Der Seminarleiter: »Du hast ihn sehr verachtet?«

Norbert nickt. Er sinkt langsam auf den Boden. Der Seminarleiter hilft Norbert, in die tiefstmögliche Achtungshaltung dem Vater gegenüber zu kommen. Dabei berührt die Stirn den Boden, und die Handflächen sind nach oben gerichtet. Die Handhaltung verdeutlicht, dass das Kind der Nehmende ist und der Vater der Gebende.

Verstohlen wischt sich Norbert eine Träne ab, während der Vater tief berührt ist. Er will Norbert helfen aufzustehen und macht deutlich, dass es ihm genügt.

Der Seminarleiter: »Mag sein, dass es für dich ausreicht, aber er braucht es noch ein wenig länger. Es hilft ihm.«

Der Vater nickt.

Schließlich wendet Norbert seinem Vater das Gesicht zu. Beide strahlen sich an. Der Vater legt dem Sohn die Hände auf den Kopf.

Norbert (spontan): »Es tut mir so leid.«

Wie gesagt, erfahre ich oft leider nicht, wie es im Leben meiner Klienten nach den Aufstellungen weitergegangen ist. Hier half ein »Zufall«: Jutta, eine Frau, die am selben Seminar wie Norbert teilgenommen hatte, schlug neun Monate später morgens ihre Tageszeitung auf und entdeckte Norberts großes Foto im Lokalteil. Sie las den Artikel und schickte ihn mir dann im Original zu.

In seiner Behörde war Norbert befördert worden! Er leitet nun eine eigene Abteilung und ist Chef über eine große Zahl von Mitarbeitern. In dem Artikel[5] heißt es unter anderem: »Norbert Grün sprach in seiner Antrittsrede davon, dass jeder seinen Platz [in der Behörde] finden müsse ... Bereits in dieser ersten Rede zeigte der neue Leiter Zukunftsperspektiven auf ...« Es werden dann Norberts Ideen für die Behördenarbeit der nächsten Jahre skizziert. Außerdem beschäftigt sich auch der Leitartikel desselben Tages mit Norberts Berufung. Darin wird seine freundliche und selbstbewusste Präsentation hervorgehoben.

Die verachtete Mutter:
Carmen

Carmen ist freiberufliche Werbefachfrau. Sie arbeitet seit zwei Jahrzehnten in diesem Beruf, doch in den letzten sechs Jahren ist es stets schleppender und immer rückläufiger geworden: »Wenn das so weitergeht, muss ich den Laden aufgeben«, klagt Carmen, als sie zum Beratungsgespräch in meine Praxis kommt. Nach einem abgebrochenen Pharmaziestudium habe sie sich in die Werbung gut eingearbeitet, doch wenn der Trend nicht wieder nach oben gehe, müsse sie sich ein neues Aufgabenfeld suchen.

Carmen fragt sich, ob die gegenwärtige berufliche Krise mit ihren drei gescheiterten Ehen zu tun haben könnte oder ob es um ihre Herkunftsfamilie geht.

Wir suchen uns Papierscheiben für die Herkunftsfamilie, die Gegenwartsfamilie und ein weißes Fragezeichen für alle anderen möglichen Ursachen, dazu noch eine Holzfigur für Carmen. Die drei möglichen Ursachen werden fächerförmig vor Carmen gruppiert, und der Therapeut stellt die Frage: »Wenn ich mich nun auf Ihre Holzfigur stelle und das Berufsproblem lösen will, zu welcher von den drei Ursachen zieht es mich dann am meisten?«

Damit wir uns nicht gegenseitig beeinflussen, prüfen wir die einzelnen Positionen still für uns und tauschen uns erst ganz am Ende der Übung aus. Carmen und ich haben dasselbe wahrgenommen: Die Holzfigur fühlt sich magnetisch von der Herkunftsfamilie angezogen.

Auf die Frage, ob es etwas Besonderes im Berufsleben ihrer Eltern gebe, berichtet Carmen vom Textilgeschäft ihrer Mutter. Während der Vater als Bahnangestellter ein regelmäßiges Einkommen hatte, bekam die Mutter mit ihrem Geschäft am Ende immer größere Schwierigkeiten und musste sogar Schulden machen.

»Meine berufliche Kurve gleicht genau der der Mutter«, ruft Carmen erstaunt aus. »Zunächst Erfolg, und dann geht es steil nach unten.«

Im weiteren Gespräch berichtet Carmen, dass sie ihre Mutter lange verachtet hat, sie auch heute noch verachtet.

Während Carmen dies alles ausspricht, kann man spüren, dass in ihren Worten Kraft ist. Sie sucht sich Holzfiguren für sich und die Mutter, die gegenübergestellt werden. Carmen stellt sich über die eigene Figur und sagt, indem sie der Mutter in die Augen schaut: »Mama, es tut mir leid, dass ich dich verachtet habe ... [Nach einer Pause:] Beruflich mache ich es so wie du: erst Erfolg und dann Misserfolg.«

Eine Weile später fordert der Therapeut sie auf, der Mutter zu sagen: »Dir zur Freude darf ich es anders machen als du. Ich darf auch wieder Erfolg haben.«

Die weitere Arbeit mit den Platzhaltern zeigt uns dann, dass es im Stammbaum der Mutter noch etwas Schwerwiegendes geben muss, das ebenfalls belastend auf die jetzige berufliche Situation wirkt. Carmen meldet sich schon bald für eine Aufstellungsgruppe an, um sich mit diesem Problem auseinanderzusetzen.

Zwei Monate später werden in einer Gruppe sechs Generationen von Frauen aus dem mütterlichen Stammbaum hintereinander aufgestellt. Die Stellvertreterin für das berufliche Problem geht langsam die Generationenreihe ab und schaut jeder Frau aufmerksam in die Augen. Die Stellvertreterin der fünften Ahnin zittert, als das Berufsproblem näher kommt: »Ich sehe eine Hinrichtung und ein Pferdefuhrwerk ...«, stammelt sie.

Der Seminarleiter zur Gruppe: »Wir müssen hier nicht genau rekonstruieren, was passiert ist. Es genügt für Carmen, wenn sie von dieser Ahnin den Segen nimmt.«

Carmen kommt nun in die eigene Rolle. Sie ist tief bewegt, als sie der Vorfahrin in die Augen schaut. Sie umarmen sich lange.

Das Berufsproblem schaut nun mit Interesse auf Carmens Mutter und Großmutter. Die Mutter ist ohne ihre leiblichen Eltern groß geworden. Stattdessen wuchs sie in einer Pflegefamilie auf.

Carmen kann nun verstehen, warum sie ihr in der Kindheit als Mutter nicht so viel hatte geben können, wie Carmen es gern bekommen hätte. Sie stimmt dem nun zu, indem sie der Mutter sagt: »Du hast mir so viel gegeben, wie du konntest. Danke!«

Die Stellvertreterin für das Berufsproblem gibt zu verstehen, dass sie nun am liebsten aus der Rolle gehen würde: »Carmen braucht mich jetzt nicht mehr.« Nachdem Carmen sich bei ihr bedankt und mit einem tiefen Atemzug die Kraft aller weiblichen Ahnen in sich aufgenommen hat, wird die Aufstellung beendet.

Ungefähr ein Jahr später sehe ich Carmen wieder. Sie berichtet: »Das schwierige Verhältnis zu meiner Mutter hat sich seit der Aufstellung nachhaltig verbessert. Genauso erfreulich ist auch meine berufliche Entwicklung. Nach sechs Jahren Sinkflug ist in den letzten zwölf Monaten die Trendwende nach oben gelungen. Zwar läuft es manchmal noch etwas holprig, aber insgesamt bin ich optimistisch, dass es weiterhin bergauf geht.«

»Die Mitarbeiter warten auf meine Führung«:
Sven

Sven hat als Vorgesetzter in seiner Firma viele Menschen unter sich. Oft fühlt er sich verunsichert, weil er sich den zahlreichen Erwartungen nicht gewachsen sieht.

In einem Seminar wählt Sven drei Männer und drei Frauen als wichtige Mitarbeiter aus. Außerdem stellt er jemanden für sich und einen Mann als Führungsfähigkeit auf. Schnell zeigt sich, dass Letztere keinerlei Verbindung zu Sven hat. Die beiden sehen sich noch nicht einmal an. Die Mitarbeiter schauen fragend zu Sven. Sven hingegen zuckt die Schultern. Der Seminarleiter wählt einen Mann und eine Frau für die Eltern aus und stellt sie dazu.

Die Mutter bewegt sich auf Sven zu. Sie streichelt ihm über den Kopf und wirkt sehr traurig.

Der Seminarleiter zu Sven: »Ist etwas Besonderes passiert?«

Sven: »Als Kind war ich lange im Brutkasten. Meine Eltern mussten ständig damit rechnen, dass ich sterbe. Irgendwie habe ich es dann aber doch geschafft.«

Die Stellvertreterin der Mutter nickt heftig und weint, während der Vater eher unbeteiligt wirkt.

Der Seminarleiter: »Was ist mit deinem Vater?«

Sven: »Ich habe ihn verachtet. Er war so schwach ...«

Der Seminarleiter (unterbricht ihn): »Stopp! Am besten, du redest jetzt nicht weiter. Einen besseren Vater als den, den du hattest, gibt es nicht. Entweder du nimmst ihn oder keinen!«

Sven: »Ich stand immer der Mutter nahe, der Vater blieb mir stets fremd!«

Einer der Mitarbeiter hebt die Hand und sagt: »Sein Vater interessiert uns. Mit dem kommt hier endlich Leben rein!«

Sven geht in die eigene Rolle. Zunächst macht er eine tiefe Verbeugung vor dem Vater und sagt ihm, dass ihm seine Verachtung leidtut. Anschließend halten sich Mutter, Vater und Kind lange und danken dem Schicksal dafür, dass Sven als Baby überlebt hat.

Die Mitarbeiter schauen neugierig zu und bestätigen, dass Sven endlich als Chef interessant für sie wird. Einer der Männer sagt: »Jetzt kann ich ihn ernst nehmen, vorher nicht.«

Die Führungsfähigkeit strahlt mittlerweile. Zeitgleich mit der Umarmung von Eltern und Kind hat er sich neben Sven gestellt.

Der Seminarleiter nimmt Sven und die Führungsfähigkeit und stellt sie beide vor die Mitarbeiter. In den Rücken von beiden stellt er die Eltern. Auf den Vorschlag des Leiters sagt Sven den Mitarbeitern: »Mit meinen Eltern im Rücken kann ich euch führen!«

Die Mitarbeiter wirken wie befreit. Sie bestätigen, dass sie sich mit Sven gut fühlen.

Der Seminarleiter zu Sven: »Wenn du jetzt in die Firma kommst, stellst du dir des Öfteren mal vor, dass deine Eltern hinter dir stehen, insbesondere dein Vater.«

Sven: »Mach ich!«

»Warum komme ich immer zu spät zur Arbeit?«:
Sabrina

Sabrina hatte schon mehrere Sitzungen bei mir genommen. Eines Tages rief sie an und sagte am Telefon: »Es ist etwas Schreckliches passiert.« Dem Therapeuten fiel aber auf, dass sie kicherte wie ein Schulmädchen. Schon jetzt war klar, dass dieses Schreckliche mit einer heimlichen Freude verbunden sein musste.

Als ich Sabrina in der Praxis sehe, packt sie das Schreckliche in Form eines Bogen Papiers aus: Es ist eine Abmahnung ihres Chefs wegen häufigen Zuspätkommens. Sabrina muss diese

Abmahnung unterschrieben zurückgeben, und sie weiß, dass ihr Arbeitsplatz nun ernstlich gefährdet ist.

Auch jetzt kichert Sabrina wieder wie ein Schulmädchen und zeigt ein diebisches Lächeln.

Der Therapeut: »Da ist ganz viel heimliche Freude in dir. Wem zahlst du es denn heim, wenn du zu spät kommst?«

Er schlägt ihr vor, zunächst einmal die Augen zu schließen und abzuwarten, welche inneren Bilder in ihr aufsteigen.

Sabrina schließt die Augen und wartet. Dann sagt sie: »Ich sehe meine Eltern. Ich habe sie durch mein Zuspätkommen endlich wieder mal in Sorge versetzt, denn ich weiß ja gar nicht, ob sie mich lieben. Wenn sie mir dann sagen, dass sie sich um mich gesorgt haben, bin ich zufrieden. So bin ich ihnen doch nicht hundertprozentig egal. [Sie lächelt verschmitzt.] Endlich kann ich euch auch mal eins auswischen! Endlich habe ich die Situation mal unter Kontrolle und nicht ihr!«

Der Therapeut: »Ganz genau!«

Sabrina: »Dieses Rumtrödeln, bevor ich zu einem Termin muss, ist leider auch bei Freunden so, nicht nur bei den Eltern und am Arbeitsplatz. Ich weiß ganz genau, ich müsste jetzt wegfahren, aber ich zögere es noch eine Weile hinaus … Zuweilen komme ich zwei bis drei Stunden zu spät, besonders bei meinem ersten Freund war das so, und auch in meiner Schulzeit bin ich regelmäßig eine Stunde zu spät gekommen.«

Sabrina hält inne und lächelt. Dann schüttelt sie den Kopf.

»Mein Gott, die meisten Schulausflüge mit dem Bus hab ich verpasst. Ich wäre so gern dabei gewesen, aber der Bus ist halt irgendwann ohne mich abgefahren. Und später redeten die über so vieles, und ich habe mich ausgeschlossen gefühlt, so wie in meiner ganzen Kindheit.«

Der Therapeut: »Mach noch mal die Augen zu und geh ein weiteres Mal in die heimliche Freude des gekränkten Kindes.«

Sabrina (nach einer Weile, sie weint): »Mein Vater hat mich zu meinen Großeltern nach Fehmarn gebracht, als ich sechs Jahre alt war, so, als ob es ein Ausflug wäre. Er lud mich bei ihnen ab und sagte mir, er käme gleich zurück. Dann setzte er sich ins Auto und fuhr wieder einige Hundert Kilometer nach Hause. Meine Großeltern bestätigten, dass mein Vater gleich wiederkommen würde ... Drei Jahre habe ich gewartet, bis mich meine Eltern geholt haben. Die ganzen drei Jahre lang habe ich immer wieder auf Papas Auto gewartet, dass es um die Ecke biegt, aber er kam nie. Und als ich später wieder daheim war, da habe ich sie halt mal zwei bis drei Stunden warten lassen.«

Der Therapeut: »Mit Recht! Das haben sie wirklich verdient! Aus Sicht des Kindes musstest du das so machen.« Der Therapeut erklärt Sabrina, dass sich dieses Muster auch auf alle anderen Lebensbereiche übertragen hat und dass sie mit ihren Verspätungen die übrigen Menschen stellvertretend für ihre Eltern bestraft.

Sabrina wischt sich die Tränen ab: »Später hatte ich dann immer solche Angst, die Eltern wieder zu verlieren. Wie konnte ich denn guten Gewissens beim Schulausflug mitgehen, wenn ich Angst haben musste, dass mein Eltern dann verschwunden sind? Alles Vertrauen war weg.« (Bei den letzten Worten schluchzt sie.)

Der Therapeut: »Stell dir die Sonne vor und atme allen Schmerz aus, der jetzt in dir ist. [Im Atemrhythmus von Sabrina:] Alle Verletzungen, das Weggegebensein ...«

Sabrina atmet einige Minuten still alles aus. Dann zeigt ihr Gesicht ein Strahlen, und sie lächelt: »Jetzt geht es mir wieder gut.«

Der Therapeut: »Sag dir jetzt, wenn es für dich stimmt, den Satz: ›Trotz allem habe ich es gut überstanden. Ich konnte mit allem umgehen.‹«

Sabrina folgt der Anweisung in der Stille und atmet am Schluss lange tief aus.

Anschließend reden wir darüber, dass die Eltern ganz offensichtlich in keinerlei Weise fähig waren, sich in die Bedürfnisse eines Kindes einzufühlen, weil sie sich sonst anders verhalten hätten. Wenn Sabrina an die Herkunftsfamilien ihrer Eltern denkt, kann sie das gut nachvollziehen. Nirgends hätten ihre Eltern ein solches Verhalten lernen können: Sie haben es so gut gemacht, wie sie es konnten. Angesichts dessen, was passiert ist, klingt es merkwürdig, aber es ist die Wahrheit. Die Lösung besteht darin, die Eltern so zu nehmen, wie sie sind.

In einer kleinen imaginativen Übung macht dies Sabrina. Sie kann nachvollziehen, dass beide Eltern beruflich so eingebunden waren, dass sie die billigste Lösung wählten – ohne an das Kind zu denken. Ein solch rücksichtsloser Umgang mit Kindern war nichts Ungewöhnliches im Stammbaum der Eltern. Sabrina hat noch keine Kinder, aber sie weiß, dass sie es später einmal anders machen wird.

Plötzlich muss sie an ihren ersten Freund denken und weint: »Es tut mir so leid, dass ich ihn immer zwei, drei Stunden habe warten lassen. Er konnte doch nichts für meine Eltern.«

Der Therapeut: »Du hast es ja nicht absichtlich gemacht. Innerlich kannst du alle Menschen, die unter deinem Verhalten gelitten haben, anschauen und ihnen sagen, dass es dir leidtut. Und dann solltest du eine Hand auf dein Herz legen und dir selbst verzeihen. Auch du hast es so gut gemacht, wie du konntest!«

Sabrina ist von meinem Vorschlag bewegt und führt ihn aus. Anschließend macht sie das Gleiche mit ihrem Chef. Sie sagt ihm: »Ich höre auf, dich mit meinen Eltern zu verwechseln. Es hat alles gar nichts mit dir zu tun.«

Nun schüttelt Sabrina heftig den Kopf: »Mein Gott! Unglaublich! Es stimmt wirklich. Ich habe ihn für meine Eltern bestraft. Die ersten Jahre bin ich nämlich immer pünktlich bei der Arbeit gewesen. Aber einmal hat er mich ungerecht behandelt, und seitdem bestrafe ich ihn dadurch, dass ich zu spät komme. Ich fühlte mich von ihm so verletzt, wie ich mich von meinen Eltern verletzt gefühlt hatte. Ich hätte damals mit dem Chef Klartext reden sollen. Dann hätte ich mir die Verspätungen sparen können.«

Der Therapeut: »Ja, es stimmt alles, was du sagst ... [Nach einer Pause:] Jetzt spür in dich hinein, ob es noch etwas bedarf, damit sich das Problem auflöst.«

Sabrina (ruft): »O nein. Jetzt versteh ich auch, warum ich im Betrieb keine Verantwortung übernehmen will. Meine Eltern haben auch nie Verantwortung übernommen. Ich kann es auch nicht ... [Nach einer Pause:] Ich sollte mir selbst noch sagen: ›Ich übernehme jetzt mehr Verantwortung für mich.‹« Während sie den letzten Satz ausspricht, legt sie die eine Hand auf ihr Herz. Der Therapeut: »Wie geht es dir jetzt am Schluss dieser Stunde?«

Sabrina schwenkt lachend die Abmahnung in ihrer rechten Hand hin und her: »Es bleibt mir wohl nichts anderes übrig, als sie dem Chef unterschrieben zurückzugeben.«

Der Therapeut: »Das ist wohl das Beste. Und dann noch einmal neu anfangen.«

Sabrina hat sowohl vor als auch nach dieser Stunde traumatherapeutisch an ihrer Kindheitswunde gearbeitet. Ein Jahr nach der hier geschilderten Sitzung war sie immer noch bei derselben Firma angestellt. Sie hat keine Probleme mehr damit, pünktlich am Arbeitsplatz zu erscheinen.

Talente und Fähigkeiten

Oft ist es für junge Leute gar nicht einfach, deutlich zu spüren, auf welchem Gebiet das eigene Talent liegt. Wer gar eine künstlerische Ader in sich entdeckt, steht vor der Frage, ob er sein Talent zum Beruf macht oder ob er es nur als Hobby pflegt. Von diesem Spannungsfeld berichtet die Geschichte von Thomas.

Viele junge Menschen leiden darunter, wenn Vater oder Mutter sich konsequent ihrem Berufswunsch in den Weg stellen. Gibt es in solchen Fällen eine Lösung? Das Beispiel von Jennifer zeigt, worauf es hier ankommt.

Die Geschichte von Eduard zeigt den Hintergrund einer Verzettelung von Talenten, und bei Michael werden wir Zeuge davon, wie ein völlig unvermutetes Talent in den Vordergrund tritt.

»Reicht mein Talent als Künstler?«:
Thomas

Thomas ist Anfang zwanzig und von Beruf Krankenpfleger. Doch schon lange schlägt sein Herz für die Bildhauerei und das Malen. Bekanntermaßen ist es schwer, sich damit seine Brötchen zu verdienen.

Thomas kommt in meine Praxis, um diese beiden beruflichen Pole aufzustellen. In einer Aufstellung mit Papierscheiben und Holzfiguren wird deutlich, dass Thomas sich buchstäblich nicht traut, auf die Kunst zuzugehen. Im weiteren Verlauf wird klar, wie tief er mit seinem Vater mitfühlt: Dessen Zwillingsbruder verstarb bei der Geburt. In der Aufstellung sagt er seinem Vater: »Der Tod deines Zwillingsbruders war für dich zu schlimm. Ich trage es mit für dich.«

Wenn man sich über die Holzfigur für den Vater stellt, ist zu spüren, dass es diesem damit nicht sehr gutgeht. Sowohl der Therapeut als auch Thomas machen diese Erfahrung.

Der Therapeut: »Schau deinem Vater doch mal innerlich in die Augen und sag ihm: ›Ich kann dir deinen Bruder nicht ersetzen. Euch beiden zur Freude trau ich mich, den Krankenpfleger und die Kunst zu verbinden.‹«

Thomas findet die Idee zwar gut, doch er fühlt sich nicht in der Lage, dies seinem Vater und dem Onkel ins Angesicht zu sagen.

Drei Wochen später kommt Thomas wieder in die Praxis. Er berichtet, dass kurz nach der letzten Stunde sein Vater spontan bei ihm angerufen habe. Er hat Thomas gesagt: »Du bist viel zu sehr auf die Vergangenheit fixiert. Geh doch mal aus dir raus. Trau dich doch endlich mal was, als immer nur dein Licht unter den Scheffel zu stellen.«

Der Therapeut: »Man könnte meinen, er habe unsere Stunde hier mitgehört.«

Thomas: »Mich hat das richtig erschreckt. Anscheinend will mir mein Vater einen hilfreichen Tritt in den Hintern geben. Er hat es immer gut mit mir gemeint, er hat mir immer geholfen.« Thomas bekommt feuchte Augen.

Der Therapeut: »Ich glaube, er würde sich sehr freuen, wenn du dich mal traust, mehr auf die Risikokarte zu setzen, und schaust, was passiert. Du musst ja nicht gleich im Klinikum kündigen.«

Thomas nickt.

Der Therapeut: »Wenn du jetzt Wege für deine Kunst suchst, dann stell dir vor, dass dein Onkel und dein Vater dir zuschauen und sich an dir freuen!«

Knapp vier Wochen später sehen wir uns wieder. Es hat sich sehr viel getan! Thomas ist zufällig mit einem bekannten Maler in Kontakt gekommen. Mit ihm zusammen wird er – gegen Honorar! – einen »Kreativ-Raum« für eine Nachbargemeinde gestalten. Zur Überraschung des Therapeuten erzählt Thomas, dass er seinen Job in der Klinik gekündigt hat. Auf meine Nachfrage, wie er sich nun fühle, sagt er energisch: »Ausnahmsweise setze ich jetzt mal alles auf eine Karte. Ich folge dem inneren Ruf. Wenn es misslingt, dann kann ich mich jederzeit wieder irgendwo in meinem alten Job bewerben.« Thomas' Stimme ist klarer und kräftiger als in der letzten Stunde. Der Berater ermutigt ihn, den Impulsen zu folgen. Wer weiß, wann wieder eine Chance kommt, die schlummernden Talente zum Leben zu erwecken?

In einer Sitzung drei Monate später berichtete Thomas voller Stolz, dass er einen weiteren bekannten Künstler kennengelernt habe. Um von ihm lernen zu können, wolle er zu ihm ins Allgäu umziehen. Da dort auch seine Eltern wohnen, werde er sich übergangsweise wieder bei ihnen einquartieren.

Nach Thomas' Umzug ins Allgäu hatten wir keinen Kontakt mehr. Es ist völlig offen, ob er seinen Weg als Künstler gehen konnte oder ob er wieder als Pfleger arbeitet und sein Talent lediglich als Hobby lebt. Allgemein kann ich nur den Rat geben, schlummernde Talente und Fähigkeiten nicht aus ängstlichem Sicherheitsdenken heraus zu unterdrücken. Gerade als junger Mensch sollte man experimentierfreudig sein. Wer deutlich einen inneren Ruf hört, sollte ihm folgen – auch gegen viele Widerstände. Dann kommt man im Alter in der Lebensrückschau nicht in die Verlegenheit, den ungenutzten Chancen nachtrauern zu müssen.

Natürlich spielen bei solchen Fragen immer auch die jeweiligen Lebensumstände eine große Rolle. Thomas war noch sehr jung. Er hatte keine Verantwortung für Kinder zu tragen und war auch noch nicht verheiratet. Wenn der berufliche Kurswechsel jedoch mitten im Leben erscheint, ist in der Tat mehr Vorsicht angeraten. Oft ist es sinnvoll, die bisherige Berufsausübung schrittweise und langsam zeitlich zu reduzieren und parallel dazu die neue Berufung stufenweise aufzubauen. Wenn nach einiger Zeit klar wird, dass das Neue immer stabiler wird und die Existenz für die ganze Familie materiell sichert, erst dann macht es Sinn, den alten Beruf gänzlich zu verabschieden.

»Aber mein Vater ist dagegen!«:
Jennifer

Jennifer will in einem Kurs ihre drei Berufsmöglichkeiten aufstellen. Entweder möchte sie Bürokauffrau werden, Logopädin oder Fremdsprachensekretärin. Jennifer wählt für sich und für die Berufsmöglichkeiten jeweils eine Teilnehmerin aus der Gruppe und stellt sie auf.

Jennifers Stellvertreterin fühlt sich unsicher. »Ich habe Angst, mich auf was Festes einzulassen.« Sie mag sich die drei beruflichen Alternativen gar nicht richtig ansehen. Dabei schaut die Logopädin sehr neugierig und lächelnd zu Jennifer.

Die »echte« Jennifer auf dem Stuhl nickt: »Ja, genau so ist es!«

Der Seminarleiter: »Wovor hast du denn Angst, was macht es dir so schwer?«

Jennifer: »Eigentlich würde mich die Logopädie tatsächlich am meisten interessieren, aber mein Vater ist dagegen!«

Der Seminarleiter: »Na und? Wer soll denn in diesem Beruf glücklich werden, dein Vater oder du?«

Jennifer: »Aber er ist dagegen.«

Der Seminarleiter: »Muss man immer das machen, was die Eltern sagen?«

Jennifer: »Er übt so viel Druck aus. Mein Vater war schon immer ein Versager, der hat ja selbst nichts auf die Reihe gebracht! Zu blöd, dass ich mich verunsichern lasse von ihm.«

Der Seminarleiter: »Jetzt weiß ich, warum dein Vater querschießt.« Der Seminarleiter sucht einen Mann und eine Frau für die Eltern aus und stellt sie dazu. Der Vater grinst.

Der Seminarleiter zum Vater: »Dir liegt was auf der Zunge. Sag's uns!«

Der Vater: »Ich bin gar nicht dagegen! Das sag ich nur so. Ich denke: Wenn ich querschieße, achtet sie mich als Vater vielleicht irgendwann doch noch!«

Der Seminarleiter: »Genau!«

Und zu Jennifer gewandt: »Das lag alles auf der Hand. Du hast so verächtlich über den Vater gesprochen! Wie soll man da Unterstützung von ihm bekommen?«

Die Mutter hat sich unterdessen neben die Tochter gestellt und blickt grimmig auf den Vater.

Der Seminarleiter (ruft): »Ach so ist das!«

Jennifer: »Was denn?«

Der Seminarleiter: »Geh mal bitte in deine eigene Rolle.«

Jennifer macht es und stellt sich neben die Mutter. Die beiden strahlen sich an.

Der Seminarleiter zu Jennifer: »Sag deiner Mutter ins Gesicht: ›Ich bin eine gute Tochter. Ich verachte den Papa genauso wie du!‹«

Jennifer fängt an zu weinen. Und auch bei der Mutter ist die gute Laune schnell dahin. Auf ihrem Gesicht macht sich Betroffenheit breit. Die Mutter nickt spontan und sagt: »Es stimmt, sie macht es für mich.«

Der Seminarleiter zur Mutter: »Schau deiner Tochter in die Augen und sag ihr: ›Du darfst uns als Eltern beide gernhaben. Meine Probleme mit Papa kläre ich allein. Es hat nichts mit dir zu tun.‹«

Der Vater lächelt und schaut erwartungsvoll zu Jennifer, während die Mutter Jennifer die vorgegebenen Sätze sagt.

Der Seminarleiter zur Mutter: »Jetzt sagst du deiner Tochter noch: ›Ich freue mich, wenn du auch vom Papa nimmst, nicht nur von mir.‹«

Die Mutter sagt es, doch es entfährt ihr ein schwerer Seufzer: »Ganz leicht fällt es mir nicht, Jennifer loszulassen! Aber dennoch ist es richtig.«

Jennifer geht nun etwas ängstlich zu ihrem Vater hinüber. Dieser streckt die Hände nach ihr aus und strahlt sie an.

Der Seminarleiter zu Jennifer: »Ich glaube nicht, dass er es schlecht mit dir meint. Schau ihm doch mal ins Gesicht.«

Jennifer lächelt und wischt sich verstohlen eine Träne ab. Dann jedoch gibt es kein Halten mehr. Sie wirft sich ihm in die Arme und weint hemmungslos, während der Vater sie hält.

Der Seminarleiter zu Jennifer: »Atme die Liebe zu deinem Vater jetzt in dein Herz.« Jennifer »atmet« ihren Vater kräftig ein.

Nach einer Weile lösen sich die beiden wieder. Jennifer blickt ihm in die Augen. Spontan entfährt es ihr: »Es tut mir so leid!« Und noch einmal halten sich die beiden, Jennifer weint.

Der Seminarleiter: »Eigentlich dachte ich, wir wollten Berufsmöglichkeiten aufstellen. Schauen wir doch mal zu den dreien ...«

Unbeachtet haben sich die Bürokauffrau und die Fremdsprachensekretärin völlig zurückgezogen. Nur die Logopädin steht wartend da und blickt zu Jennifer. Jennifer geht zu ihr und stellt sich neben sie. Die beiden lachen sich an.

Der Seminarleiter zu Jennifer: »Das sieht gut aus – oder?«

Jennifer: »Wunderbar! Eigentlich wusste ich ja schon immer, dass dort mein Talent liegt, aber ich hab mich nicht richtig getraut.«

Der Seminarleiter: »Jetzt kannst du dich trauen – mit gutem Gewissen.«

»Ich habe zu viele berufliche Projekte«:
Eduard

Auf den ersten Blick ist Eduard ein Allroundgenie. An der Universität hat er einen Lehrauftrag für Anglistik. Da er darüber hinaus Historiker ist, verfolgt er auch auf diesem Gebiet Projekte. Als wäre das noch nicht genug, interessiert er sich zusätzlich für alternative Psychotherapien und hat schon erfolgreich die Prüfung als »Kleiner Heilpraktiker«[6] abgelegt. Und weil ihm auch das nicht ausreicht, gibt er in seiner Freizeit Seminare in NLP, denn er hat auf diesem Gebiet eine Ausbildung ...

Eduard: »Irgendwie verzettele ich mich.«

Der Seminarleiter (schmunzelt): »In der Tat!«

Eduard: »Können wir alle meine Standbeine aufstellen und schauen, wo die Seele hinwill?«

Der Seminarleiter: »Können wir, allerdings würde ich NLP und alternative Psychotherapie zunächst mal zusammen als ›alternative Therapien‹ aufstellen, damit wir vor lauter Bäumen den Wald noch sehen.«

Eduard: »Einverstanden.«

Eduard wählt Stellvertreter für Anglistik, Geschichte, alternative Therapien sowie jemanden für sich und stellt sie auf. Die Geschichte und die Anglistik entfernen sich Schritt für Schritt rückwärts, während die alternative Therapie intensiv Eduard anblickt. Eduard schaut auf den Boden, als wolle er hineinsinken.

Der Seminarleiter zu Eduard (der auf dem Stuhl sitzt): »Deine Verzettelung hängt damit zusammen, dass du mit Toten verbunden bist. Auf welchen Toten schaust du?«

Eduard erzählt von drei früh verstorbenen Verwandten aus seiner Familie. Dann hält er inne und sagt: »Es gibt noch jemanden. Mein allerbester Freund ist mit mir auf einer Bergtour tödlich verunglückt. Wir waren damals beide achtzehn Jahre alt.«

Der Seminarleiter: »Als du von den toten Verwandten erzählt hast, ist nichts mit mir körperlich passiert. Als du jedoch von dem Freund erzählt hast, haben sich alle Haare an meinem Körper gestellt.«

Als einige in der Gruppe heftig mit dem Kopf nicken, sagt der Seminarleiter zu den Teilnehmern: »Jedes gesprochene Wort kann man als eine Aufstellung betrachten. Wenn ich mich körperlich jedem gesprochenen Wort aussetze, spüre ich genau, wie viel Kraft und Wahrheit in ihm ist. Wir müssen unbedingt diesen Freund hinzunehmen.«

Eduard wählt ihn aus und sagt: »Über seinen Tod bin ich nie hinweggekommen. Seine Familie war für mich Familienersatz, denn in meiner eigenen Familie habe ich mich fremd gefühlt.« (Seine Herkunftsfamilie hat Eduard schon einmal in einem früheren Kurs aufgestellt.)

Der Freund liegt am Boden. Eduard, der jetzt in seine eigene Rolle kommt, ballt sogleich die Fäuste.

Der Seminarleiter zu Eduard: »Worüber bist du wütend?«

Eduard: »Ich bin wütend auf das Schicksal. Er war mein bester Freund, wir kannten uns schon viele Jahre.« Eduard weint.

Der Seminarleiter: »Machst du dir Vorwürfe wegen seines Todes?«

Eduard: »Nein! An einer völlig harmlosen Stelle rutschte er aus und stürzte einen Berghang hinunter. Als ich unten ankam, war er schon tot. – Aber ich bin wütend auf das Schicksal.«

Der Freund: »Ich fühle mich nicht richtig tot!«

Der Seminarleiter (nimmt einen Mann aus der Gruppe und bittet ihn, den Freund am Hinterkopf zu berühren): »Du bist jetzt ein schon verstorbener Verwandter aus seiner Familie und sagst ihm: ›Bei diesem Bergunglück bist du wirklich gestorben!‹«

Als dies geschehen ist, nickt der Tote: »Ja, stimmt, ich bin wirklich tot. Jetzt glaube ich es auch.«

Der Seminarleiter zu dem Toten: »Schau Eduard an und sag ihm: ›Ich bin weder dein Vater noch dein Bruder noch deine Mutter – ich kann dir nicht ersetzen, was du in deiner Kindheit nicht gehabt hast. Ich war nur dein Freund.‹«

Eduard kommen wieder die Tränen.

Eduard (nach einer Pause): »Ja, du bist nur mein Freund.«

Nun kommt Bewegung in die alternativen Therapien, die auf Eduard zugehen. Von allen beruflichen Möglichkeiten ist hier am meisten Kraft. Die beiden strahlen sich an.

»Setz mehr auf mich«, sagen die alternativen Therapien zu Eduard.

Als die Aufstellung beendet ist und alle auf den Stühlen sitzen, meldet sich der Stellvertreter der alternativen Therapien noch mal zu Wort: »Ich würde Eduard gern noch was sagen.«

Der Seminarleiter: »Spüre in dir, ob es ihm eher nutzt oder schadet, wenn du es sagst.«

Der Stellvertreter der alternativen Therapien (ohne zu zögern): »Es nutzt ihm.«

Der Seminarleiter: »Dann sag's!«

Der Stellvertreter der alternativen Therapien: »Du darfst mich nur um meiner selbst willen auswählen, du darfst mich nicht missbrauchen, um dein Freundes- und Familienthema aufzuarbeiten. Wenn du das beachtest, bin ich die richtige Alternative für dich.«

Der Seminarleiter: »Danke. Das war jetzt ein sehr wertvoller Hinweis von dir! [Zu Eduard gewandt:] Unbewusst hast du dich dem Thema ›Therapien‹ vermutlich wegen deiner Freundes- und Familienwunde zugewendet. Wenn du die Wunde gut geschlossen hast, musst du noch einmal ganz neu in die alternativen Therapien hineinspüren. Wenn dann innerlich ein Ja kommt, wird sich der Weg zeigen!«

»Wo liegt mein Talent?«:
Michael

In meinen Seminaren gibt es immer wieder Fragerunden. In einer davon wollte jemand wissen, ob man auch Talente und Berufsalternativen aufstellen kann. Selbstverständlich kann man das. Sogleich meldete sich Michael, den genau dieses Problem quälte. Er hat ein Jurastudium angefangen, doch dann abgebrochen, weil er den Anforderungen nicht gewachsen war. Nun stellt er sich die Frage, ob er vielleicht Krankenpfleger oder Busfahrer werden sollte.

Der Seminarleiter bittet Michael, Stellvertreter auszuwählen für sich, die drei Berufsmöglichkeiten und zusätzlich für einen Joker. Meiner Erfahrung nach schlummern oft noch unentdeckte Talente in uns, die man mit einem Joker aufstellen kann.

Der Joker kann manchmal wichtig werden und die Aufmerksamkeit auf noch nicht Gesehenes lenken. Michaels Stellvertreter schaut auf die Berufsalternativen. Sein Blick wandert hin und her. Bis auf den Joker wenden sich die anderen ab. Der Stellvertreter des Jokers grinst.

Der Seminarleiter zu Michael (der auf dem Stuhl sitzt): »Gibt es auch etwas, an das du bisher noch nicht gedacht hast?«

Michael zuckt die Schultern: »Mir fällt einfach nichts mehr ein.«

Der Seminarleiter bittet den Stellvertreter für den Joker, die Augen zu schließen und nach innen zu spüren, und sagt: »Vielleicht kommen dir Bilder. Lass dir Zeit und prüf, was nach oben steigt.«

Der Joker: »Da brauch ich gar nicht die Augen zu schließen. Schon bevor du mich gefragt hast, habe ich Hände auf einer PC-Tastatur gesehen. Ich sehe Computer ...«

Der Seminarleiter zum richtigen Michael: »Was sagst du dazu?«
Michael: »Unmöglich. Das finde ich total langweilig. Das würde ich nie machen wollen!«
Der Seminarleiter: »Man kann hier für nichts die Hand ins Feuer legen. Vielleicht muss sich noch etwas in dir klären, etwas reifen und wachsen, bis du deutlich spürst, wo es langgeht. – Mach mal die Augen zu und achte auf deinen Atem. Jetzt sprichst du mit deiner Seele und sagst ihr innerlich: ›Ich vertraue deiner Führung!‹«
Nach dieser kleinen Übung wird die Aufstellung beendet.

Zwei Jahre danach meldet sich Michael telefonisch zu einem Einzeltermin in meiner Praxis an. Da er mir sagt, dass er schon mal eine Aufstellung gemacht hat, suche ich mir zum Termin die Unterlagen von damals heraus. Als Michael vor mir sitzt, frage ich ihn, wie es denn beruflich weiterging.
Michael: »Ich arbeite jetzt als Computerfachmann.«
Der Therapeut: »In der Aufstellung damals hast du das völlig ausgeschlossen, das kam als Berufsfeld gar nicht in Frage.«
Michael: »Stimmt. Ich hab die Aufstellung damals ganz schnell vergessen, weil ich es nicht glauben konnte. Zum Zeitpunkt des Aufstellens fand ich Computer langweilig. Jedenfalls schlug mir das Arbeitsamt damals als Maßnahme einen PC-Kurs zur Weiterbildung vor. Widerwillig ging ich dorthin. Was blieb mir auch anderes übrig? Aber dann hat mir das alles unglaublich Spaß gemacht, und ich hab schnell gemerkt: Das ist mein Weg. Hier mach ich weiter. Dass dieses Berufsfeld damals in der Aufstellung auftauchte, hatte ich völlig vergessen, als es in mein Leben trat!«
Im Beruf geht es Michael jetzt glänzend. Heute führen ihn Partnerschaftsfragen in die Beratung.

Ausbildung und Studium

Oft erlebe ich in meiner Praxis, dass sich unüberwindliche Lern- und Prüfungsprobleme auftürmen, wenn frühere Familienmitglieder in Ausbildung oder Beruf gescheitert sind. Eine Frau mit Prüfungsangst beispielsweise war solidarisch mit ihrer Mutter. Diese war von ihrem marxistisch eingestellten Freund wenige Monate vor der Abiturprüfung davon überzeugt worden, dass nur die Arbeit mit den Händen zähle. Die Mutter brach die Schule trotz guter Noten ab, wurde schwanger, der Freund zwang sie zur Abtreibung und ward daraufhin nicht mehr gesehen ... Die Mutter hat sich all diese Fehler nie verziehen. Angesichts ihres Schicksals fühlte sich die Tochter nicht in der Lage, ihr Pharmaziestudium abzuschließen. Ganz ähnlich ist der Fall von Marianne. In der ganz anders gelagerten Geschichte von Judith hingegen haben Wutanfälle das Lernen erschwert.

Lernen und Studium haben immer auch mit der Präsentation der eigenen Leistung vor anderen Menschen zu tun. Wie hier die Familiengeschichte hineinspielen kann, zeigt Tibors Geschichte.

Lernblockade und Prüfungsangst:
Marianne

Nachdem die Kinder schon etwas größer geworden sind, will Marianne endlich etwas für sich tun: Sie möchte Heilpraktikerin werden und lernt für die Prüfung am Gesundheitsamt. Doch alles scheint sich gegen sie verschworen zu haben. Bereits ihr mittlerweile von ihr geschiedener Mann hatte sich massiv gegen ihre Pläne ausgesprochen, und auch ihr jetziger Partner ist dagegen. Angesichts von so viel Gegenwind fällt Marianne das Lernen nicht leicht, und bei dem Gedanken an die Prüfung wird ihr ganz schlecht. Sie fragt sich aber, ob es noch weitere Hintergründe für ihre Lernblockade gibt.

In einer Einzelstunde stellt Marianne sich und das Lernen mit Holzfiguren auf. Zu ihrer Verblüffung kann sie auf ihrer eigenen Figur spüren, dass dort keinerlei Bedürfnis besteht, das Lernen auch nur anzuschauen: »Wenn ich ehrlich bin«, sagt Marianne, »dann besteht sogar die Tendenz, vor dem Lernen zu flüchten!«

Als sie auf dem Lernen steht, ist es dagegen ganz anders: »Das Lernen schaut neugierig zu mir hin. Es wartet auf mich – bis ich bereit bin«, sagt Marianne.

Der Therapeut bestätigt Mariannes Wahrnehmungen, denn er hat es noch vor ihr auf den beiden Figuren ähnlich wahrgenommen. Er stellt nun die Frage, ob es in der Familie eine besondere Geschichte zum Thema »Ausbildung und Lernen« gibt. Daraufhin berichtet Marianne von ihrer Mutter, deren innigster Wunsch nach dem Krieg darin bestand, Schneiderin zu werden und sich mit Mode und Design zu beschäftigen. Doch die Mutter und deren Mutter waren sozial geächtet. Beide hatten keine richtige Schulbildung, und Mariannes Mutter war ein uneheliches Kind. Den eigenen Vater hatte die Mutter nie kennengelernt. Die finanziellen Voraussetzungen waren also denkbar schlecht.

Der Therapeut: »Spüren Sie, was passiert, wenn Sie über die beiden reden.«

Marianne: »Ich habe überall einen Schauer am Körper.«

Der Therapeut: »Ja. Das Schicksal der beiden wirkt auf Sie! Sie fühlen sich schlecht, eine Ausbildung zu machen, was ja der Mutter und der Oma verwehrt war. Sie konnten sich materiell gerade so durchschlagen.«

Marianne nickt traurig.

Der Therapeut: »Und was würde geschehen, wenn die beiden zuschauen könnten, wie Sie jetzt mit der Ausbildung erfolgreich sind?«

Marianne: »Die würden sich bestimmt freuen.«

Der Therapeut: »Natürlich.«

Es werden noch zwei Holzfiguren für die Großmutter und die Mutter dazugestellt. Marianne spürt in sich hinein, mit welchen Worten sie das berufliche Schicksal der beiden achten kann. Als sie es getan und gesagt hat, wirkt sie sehr erleichtert.

Der Therapeut: »Wenn Sie sich nun an den Schreibtisch setzen, stellen Sie noch ein Foto der Oma und eines Ihrer Mutter dazu. Es könnte sein, dass es sich dann schon fast von selbst lernt.«

Marianne (lacht): »Ich werde jetzt einen ganz neuen Anlauf machen.«

Eine solche Solidarität mit dem Bildungsschicksal der Eltern ist sehr häufig. Ein brillanter Jurastudent, der die bisherigen Stufen in seiner Ausbildung mit Bravour genommen hat, versagte völlig vor der entscheidenden letzten Prüfung. Dabei hatte er alles Gelernte parat, doch in der Prüfung war er wie gelähmt und konnte sein Wissen nicht anwenden. In seiner Herkunftsfamilie gab es nur Bauern und Handwerker. Dieser junge Mann fühlte sich schuldig, dass er der Erste überhaupt sein würde, der einen akademischen Titel tragen sollte ...

Die freundschaftlichen Sticheleien der ganzen Verwandtschaft vom »jungen Herrn Professor«, der da aus der Universitätsstadt ab und zu nach Hause komme und sich im Kuhstall die schönen Schuhe schmutzig mache, klangen ihm im Ohr; sie wirkten viel tiefer in seinem Unbewussten, als er jemals geahnt hatte.

Dieser Mann bestand sein Examen mit Auszeichnung, nachdem er in einer Sitzung seinem Vater und allen anderen Verwandten gesagt hatte: »Dank der harten Arbeit eurer Hände darf ich mit gutem Gewissen Erfolg an der Universität haben.«

»Mit dieser Wut kann ich nicht mehr lernen«:
Judith

Judith studiert Betriebswirtschaft. Mit dem Lernstoff hat sie kaum Mühe. Was sie aber belastet, sind ihre Wutanfälle. Dabei richtet sich die Wut in der Regel nach innen, so dass andere davon nichts mitbekommen. Wenn beispielsweise der Professor in einem Seminar ihr einen Tipp wegen eines bestimmten Problems gibt, dann rastet Judith innerlich sofort aus. Auf diese Weise kann ihr Kopf die gutgemeinten Ratschläge des Dozenten gar nicht mehr logisch prüfen.

Mittlerweile wird die Wut im Alltag so groß, dass sie sich oft in der Uni stößt oder verletzt, indem sie am Treppengeländer hängen bleibt und beispielsweise hinfällt.

Dem Seminarleiter fällt auf, dass Judith wie ein kleines Mädchen spricht, wenn von der Wut die Rede ist. Sie wirkt völlig hilflos und verzweifelt. Statt dies zu äußern, bittet er Judith, eine Stellvertreterin für sich auszuwählen. Nun holt er vier farbige Kissen und legt sie vor die Stellvertreterin: »Prüfe, ob dich eins davon anzieht!«

Ohne zu zögern, geht die Stellvertreterin auf das gelbe Kissen.

Der Seminarleiter: »Das war meine Vermutung!«

Er erklärt der Gruppe, dass das gelbe Kissen für eine gestörte Hinbewegung steht, während die anderen drei für systemische Verstrickungen mit der Familie des Vaters, mit der Familie der Mutter und für andere Ursachen stehen.

Judith verdankt die Seminarteilnahme ihrer Mutter Monika, die schon einmal in einer früheren Gruppe aufgestellt hat und sie begleitet. Dabei ging es darum, dass sie bei der Geburt von Judith so lebensbedrohlich krank war, weswegen sie sich fast zwei Jahre nicht um sie kümmern konnte. Während das Kind von Verwandten versorgt wurde, zog die Mutter wegen ihrer lebensbedrohlichen Krankheit von Klinik zu Klinik. Es war ein Wunder, dass sie damals nicht starb.

Der Seminarleiter blickt zu Monika: »Es geht um den Schmerz zwischen dir und deiner Tochter, als du damals mit deinem Leben kämpftest. Judith leidet unter einer unterbrochenen Hinbewegung[7] zu dir.«

Monika fängt sofort an zu weinen: »Das habe ich geahnt. Es ist kein Zufall, dass ich meine Tochter zum Seminar begleite. Ich durfte so viel Heilendes durch das Familien-Stellen erfahren, dass ich unbedingt mit Judith zusammen noch einmal hierherwollte.«

Der Seminarleiter: »Es ist ideal, dass ihr zu zweit hier seid, dadurch lässt sich das Problem wunderbar lösen.«

Der Seminarleiter wendet sich nun zur Gruppe und erklärt, um was es sich bei der unterbrochenen Hinbewegung handelt. Frühe Trennungen von den Eltern, zum Beispiel durch lange Klinikaufenthalte, führen zu einem solchen Phänomen. Das Baby ist wütend, weil es sich von den Eltern »im Stich« gelassen« fühlt. Diese Wut vergisst es auch nach der Krankenhaus-entlassung nicht. Selbst als Erwachsene sind die Betroffenen noch wütend auf die Eltern, meist auf die Mutter, und haben oft große Probleme, in der Paarbeziehung Nähe zuzulassen.

Seelische Intimität lässt immer wieder die frühe Wunde aufrei-ßen, woraus eine allgemeine Flucht vor Nähe entstehen kann. Auch wenn man die ersten Lebensjahre bei Verwandten aufge-wachsen ist, bewirkt dies eine angstauslösende unterbrochene Hinbewegung zu den Eltern. Manchmal kann es auch aus an-deren Gründen schwer sein, den eigenen Elternteil zu neh-men.

Wenn beispielsweise eine Frau verbunden ist mit der ersten Frau ihres Vaters, dann stellt sie für ihre Mutter eine Rivalin dar. Es ist ihr nicht möglich, diese als Mutter zu nehmen. Wird die Hinbewegung zur Mutter möglich, kann oft auch der Kör-per günstig darauf reagieren.

Der Seminarleiter bittet Judiths Stellvertreterin, sich wieder zu setzen. Stattdessen kommt nun Judith mit ihrer Mutter nach vorn.

Bevor der Seminarleiter noch irgendetwas zu den beiden äu-ßern kann, sinken beide auf den Boden. Die Mutter hält die Hände vors Gesicht und schluchzt: »Du hattest ja alle Gründe der Welt, wütend auf mich zu sein. Ich habe mir solche Vor-würfe gemacht, dass ich mich nicht um dich kümmern konnte. Aber ich war so schwer krank. Ich lag damals unendlich lange Zeit zwischen Leben und Tod.«

Der Seminarleiter zu Monika: »Tu die Hände weg. Schau dei-ner Tochter direkt in die Augen!«

Judith krümmt sich auf dem Boden: »Mama, ich weiß es doch alles. Ich bin so froh, dass du überlebt hast! Du kannst nichts für meine Wut!«

Der Seminarleiter zu Judith: »Bitte halt auch du nicht die Hände vors Gesicht. Geh ganz nah an die Mama und schau ihr in die Augen! Überlass dich deinen Impulsen.«

Was nun über einen längeren Zeitraum folgt, entzieht sich der Beschreibung. Wer schon einmal Irina Prekops Festhalte-Therapie miterlebt hat, der weiß, was sich hier heilend zwischen Mutter und Tochter vollzogen hat.

Ab und zu unterbricht der Seminarleiter die beiden, damit sie sich bewusst anschauen und sich durch ihren gemeinsamen Schmerz hindurchatmen, während sie sich halten. Als er sieht, dass sich bei der Tochter eine beginnende Hyperventilation abzeichnet, fordert er sie auf, langsamer zu atmen.

Irgendwann wiegt die Mutter ihre Tochter zu einem unhörbaren Takt in den Armen. Beide sind selig und völlig in Harmonie miteinander.

Sechs Monate später teilte Judith uns mit, ihre Wut im Alltag und auch im Studium sei völlig verschwunden. Dass das Verhältnis zwischen Muter und Tochter bestens ist, wird niemanden erstaunen.

Prüfungsangst und Wortfindungsstörung:
Tibor

Tibor hat Angst vor anderen Menschen, insbesondere vor dem Sprechen in der Öffentlichkeit. Zusätzlich leidet er unter Wortfindungsstörungen. Gerade bei seinem Studium ist dies sehr belastend, denn ständig muss er in Seminaren »Präsentationen« machen. Dass Tibor auch unter starker Prüfungsangst leidet, kann man sich schon denken.

Als wir über die Familie sprechen, stellt sich heraus, dass seine Eltern ihm stets vorwarfen, wie viele Probleme seine Geburt mit sich gebracht hatte. Der Vater war evangelisch, die Mutter katholisch. In der erzkonservativen Heimat der Eltern galt eine solche Verbindung als anstößig. Menschen, die sich so »sündhaft« interkonfessionell verbanden, wurden sozial ausgestoßen.

Die Mutter gebar das Kind schon im siebten Monat. Ihr Bauch war nicht dick geworden, und so hatte sie die Schwangerschaft vor allen geheim halten können. Doch natürlich lässt sich ein Kind auf Dauer vor den eigenen Eltern nicht verheimlichen. Die Eltern der Mutter waren entsetzt über die Geburt ihres Enkels und verhinderten zunächst eine Heirat. Die Mutter sah sich gezwungen, das Kind weiterhin vor der Öffentlichkeit abzuschirmen. Sie versteckte es ein ganzes Jahr! Die Mutter verging vor Scham und dachte stets: »Was denken nur die anderen von mir?«

Ist es in einem solchen Fall ein Wunder, wenn das Kind, das sie auf die Welt bringt, als Jugendlicher und Erwachsener extreme Angst vor der Öffentlichkeit hat und nie die »richtigen Worte« findet?

Tibor stellte seine Familie bei einem anderen Therapeuten auf und berichtete mir in einem Gespräch, was dort geschah. Die Mutter hatte in der Aufstellung gebetsmühlenartig immer denselben Satz gesagt: »Was denken nur die anderen von mir?« Die Lösung in einem solchen Fall besteht darin, dass man die Ängste der Eltern und Großeltern achtet und sich dennoch traut, angstfrei zu leben. Auf diese Weise waren nämlich all die Ängste der Angehörigen nicht umsonst!

In einem ganz ähnlichen Fall verband sich bei einem Mann eine Wortfindungsstörung mit extremer Nervosität. Öffentliche Vorträge, die für ihn leider oft auf der Tagesordnung standen, musste er schon mehrmals wegen dieser Nervosität mittendrin abbrechen.

In einer Aufstellung zeigte sich, dass der Mann mit seiner Mutter, Tante und Großmutter mitlitt, die auf der Flucht aus Ostpreußen von Soldaten misshandelt und vergewaltigt worden waren. Bis heute wird über dieses Thema in der Familie schamhaft geschwiegen. In der Aufstellung sagten ihm die Frauen: »Zum nächsten Vortrag nimmst du uns im Herzen mit, dann wird es ein Erfolg.«

Arbeitslosigkeit

Ohne Beschäftigung zu sein kann zahlreiche familiäre und persönliche Hintergründe haben. Wenn beispielsweise mehrere Verwandte oft unter Arbeitslosigkeit litten, versuchen viele, ein »guter Nachfahre« zu sein, indem auch sie des Öfteren »stempeln gehen«. Ebenso kann die Arbeitslosigkeit eine tiefe Verschuldung Spätergeborener begünstigen, wie im Beispiel von Christine.

Allerdings kann Arbeitslosigkeit auch Ausdruck von innerer Leere und Antriebslosigkeit sein. Ein erwerbsloser Mann, der in meine Praxis kam, beklagte sich: »Was soll ich Zeit und Kraft in Stellensuche und Umschulung stecken, wo ich mein Leben doch schon vergurkt habe? Zwei gescheiterte Ehen, mit jeder Frau zwei Kinder, die ich nur selten zu Gesicht bekomme, da macht nichts mehr Freude ...«

Dass Arbeitslosigkeit sogar Ausdruck von Todesphantasien und schweren Familienschicksalen sein kann, zeigt das Beispiel von Frederik.

Natürlich ist Arbeitslosigkeit auch die Folge wirtschaftlicher und gesellschaftlicher Krisen. Und dennoch wird es kein Zufall sein, warum der eine auch in allgemein schweren Zeiten sein Auskommen findet und der andere nicht. Viele Arbeitslose, so wie Elsa, haben ein sehr geringes Selbstwertgefühl. Sie müssen zuerst lernen, mit gutem Gewissen etwas für sich zu tun.

Bei Lambert löste sich die Arbeitslosigkeit erst auf, nachdem er sich seiner Zwangsreaktion gegenüber einem politischen und gesellschaftlichen Problem gestellt hatte.

Seit vier Jahren arbeitslos:
Christine

Christine ist verzweifelt, da sie seit vier Jahren als Sekretärin arbeitslos ist. Sie kann sich die Ursachen nicht erklären, denn sie ist motiviert, bildet sich fort, und die wirtschaftliche Situation in Deutschland sei doch momentan (vor einigen Jahren) gar nicht so schlecht ... Die vielen Vorstellungsgespräche in Firmen und Behörden waren stets erfolglos.

Da Christine wissen möchte, ob es bei ihr mehr um die allgemeine gesellschaftlich-wirtschaftliche Situation, um ein individuelles Trauma aus ihrer Kindheit oder um familiensystemische Hintergründe geht, stellen wir in meiner Praxis all dies mit Papierscheiben und Holzfiguren auf dem Boden auf. Um logisch alles abzudecken, stellen wir auch noch eine weiße Scheibe auf, die für »weitere Ursachen« steht, an die man bislang gar nicht gedacht hat.

Für sich selbst wählt Christine eine Holzfigur aus, die nun auf die fächerförmig davorliegenden möglichen Ursachen blickt. Christine fühlt sich zu den »familiensystemischen Ursachen« hingezogen. Ich ermutige sie, auch die Gegenprobe zu machen. Nacheinander geht sie auf die vier möglichen Ursachen und spürt, welche von ihnen es zu Christine hinzieht. Die Gegenprobe zeigt dasselbe Resultat. Auch der Therapeut macht diese Erfahrung.

Anschließend setzen wir uns wieder auf die Stühle und erstellen ein Genogramm der Familie. Dabei zeigt sich, dass ein Urgroßvater väterlicherseits der Spielsucht erlegen war und viel Geld verzockt hatte. Er besaß ein erfolgreiches Schuhgeschäft, doch er wirtschaftete es durch seine Sucht völlig herunter, so dass er der Familie viele Schulden hinterließ. Christine erzählt all dies mit Tränen in den Augen, denn die Kindheit ihres Vaters war noch von den Folgen dieser Schuldenlawine geprägt.

Wir stellen mit Holzfiguren alle Verwandten auf. Christine würdigt ihren Vater und Großvater, die in Armut aufgewachsen sind. Auch dem Urgroßvater erweist sie die Ehre. Allen dreien sagt sie: »Bitte segnet mich, wenn ich jetzt eine Stelle finde. Bitte schaut freundlich, wenn ich mir meinen Unterhalt verdienen kann.«

Anschließend stellen wir uns über die Holzfiguren der Verwandten und können spüren, dass sie alle sehr wohlwollend auf Christine blicken.

Genau zwei Wochen später erhalte ich eine E-Mail von ihr: »Ich möchte mich ganz herzlich bedanken für die erfolgreiche Einzelaufstellung, die ich am 10. 3. bei Ihnen wegen meiner Arbeitslosigkeit gemacht habe. Genau eine Woche später, am

17. 3., hatte ich ein Vorstellungsgespräch bei einer Firma. Weitere drei Tage später erhielt ich die Zusage, dass ich angenommen wurde. Und all das passiert nach vier Jahren Arbeitslosigkeit, in denen nichts, aber auch gar nichts vorwärtsging, obwohl ich alles versucht habe!

Nun habe ich noch eine Frage wegen eines guten Freundes ...«

»Ich bin so lustlos«:
Frederik

Frederik ist Mitte dreißig und noch ledig. Er hat den Beruf des Maschinenschlossers angefangen und ihn nur lustlos einige Jahre ausgeübt. Jetzt ist er arbeitslos und überlegt sich, welche anderen befriedigenden Berufsmöglichkeiten er noch hat.

Im Gespräch gibt er jedoch ganz offen zu: »Wenn ich tief in mich hineingehe und mich frage, was ich will, kommt ein großes ›Nichts‹! – Ich glaube, ich kann auswählen, was ich will, am Ende wird es mir wieder nicht gefallen. Eigentlich will ich gar nichts. Am liebsten würde ich als Landstreicher durch die Welt ziehen.« Dann fügt er noch hinzu: »Seit zwei oder drei Jahren habe ich das Gefühl, dass ein Tod bei einem Verkehrsunfall gar nicht so schlecht für mich wäre.«

Er berichtet, er habe häufig Tagesphantasien – diese oder jene Situation im Alltag könnte doch vielleicht auch zum Tod führen, zum Beispiel wenn die Bremsen des Autos plötzlich versagten. Nachdem ihm langsam zu Bewusstsein gekommen war, wie lebensmüde er ist, verbot er sich diese Phantasien: »Aber ich spüre, sie sind nur unterdrückt. Sie kommen doch immer wieder durch.«

Sein Anliegen für eine Aufstellung mit Hilfsmitteln ist es, dieser Lebensmüdigkeit nachzuspüren. Es werden Vater, Mutter, jüngere Schwester und er selbst aufgestellt.

Die Schwester Frederiks ist psychotisch und war schon mehrmals in stationärer Behandlung gewesen. Sie ist in der Aufstellung mit dem Vater verbunden, an dessen Seite die Großmutter väterlicherseits steht, die manisch-depressiv war (bipolare Störung). Mit ihr leidet die Schwester mit. Doch auf Frederiks Papierscheibe spürt man keinerlei Veränderung, nachdem die Großmutter hinzugekommen ist. Frederik will sich neben seine Mutter stellen.

Mütterlicherseits gibt es eine Geschichte, die Frederik erst einige Wochen vor der Sitzung erfahren hat und die seine Todesphantasien verständlich werden lassen: Seine Mutter hatte noch eine Schwester, die mit ihr zusammen aufgewachsen war und die Frederik stets sehr gemocht hatte. Wie er nun erfuhr, handelte es sich jedoch um eine Halbschwester. Die Mutter der Mutter hatte vor Frederiks Großvater einen psychisch kranken Mann geheiratet. Die Nazis hatten ihn als »unwertes Leben« bezeichnet und im Zuge der Euthanasie vergast. Da die Großmutter sehr »religiös« war, wandte sie sich an den Papst und bat um die Auflösung der Ehe. Dies geschah auch. Anschließend heiratete sie ein zweites Mal und bekam mit diesem Mann Frederiks Mutter.

In dieser Stieffamilie geschah, was nicht selten in Patchworkfamilien passiert. Der Großvater lehnte die Tochter seiner Frau aus erster Ehe ab. Er war sehr grob und streng und behandelte sie wie Dienstpersonal. Das ist hier wörtlich zu verstehen, denn er besaß eine Gaststätte, und die Tante musste dort viel arbeiten. Der von den Nazis ermordete Vater der Tante war abgewertet, worunter das Kind litt. Die Tante lebte zwar mit Mutter,

Halbschwester und Stiefvater unter einem Dach, doch sie fühlte sich wie in der Fremde. Niemand im Haus erwähnte den früheren kranken Mann der Mutter, und auch über den Mord an ihm wurde nicht geredet. Die Eheauflösung durch die Kirche unterstreicht ebenfalls die Abwertung dieses Familienmitglieds.

In der Aufstellung ist Frederik überrascht, wie es seine Großmutter zu dem Ermordeten in Liebe hinzieht. Auf der Papierscheibe der Großmutter kann Frederik diesen Sog deutlich wahrnehmen. Die Annullierung der Ehe durch den Papst und das Totschweigen des Mannes scheinen keine Rolle mehr zu spielen.

»Ich spüre viel Liebe zu ihm«, sagte Frederik erstaunt, als er auf der Scheibe der Großmutter steht. Nicht nur sie zieht es zu ihm hin ins Jenseits, sondern vor allem Frederiks Mutter.

Frederik wiederum will die Mutter zurückhalten und selbst zu dem Ermordeten gehen; er stellt sich neben die Tante zu deren Vater. Nachdem Frederik mit seiner Mutter dem Ermordeten und der Tante gegenüber sein Mitgefühl zum Ausdruck gebracht hat, kann er zum ersten Mal lächeln. Er kann spüren, wie er von der Hand des Ermordeten gesegnet wird und wie dieser sich freut, als Frederik ihn und die Tante achtet: »Jetzt verstehe ich, warum ich diese Tante immer so geliebt habe«, sagt Frederik nachdenklich. »Ich habe mich immer so fremd zu Hause gefühlt, so fremd, wie sie sich bei Oma und Stiefopa gefühlt hat.«

In weiteren Schritten kann dann auch die psychisch kranke Mutter des Vaters hinzugenommen werden und ein Lösungsbild gefunden werden.

Einige Zeit nach dieser Aufstellung meldet sich Frederik und berichtet, dass seine Todesphantasien nicht mehr wiedergekommen sind und er sich dem Leben wieder zugewandt fühle. Ob er dann später auch noch eine Arbeitsstelle fand, ist leider nicht bekannt, denn wir hatten dann keinen Kontakt mehr.[8]

»Ich bin des Lebens und Arbeitens müde!«:
Elsa

Ähnlich wie bei Frederik ist auch bei Elsa die Arbeitslosigkeit Ausdruck einer allgemeinen Lebensunlust und Resignation. Sie beklagt sich im Gespräch: »Es fließt nichts mehr.« Und in ihrem Beruf – sie ist im Marketingbereich tätig – erhalte sie keine neue Stelle.

Elsa macht einen ungepflegten Eindruck. Ihre Haare hängen ihr wirr ins Gesicht, und die Kleidung ist auch nicht die sauberste ... Gern würde sie wissen, ob ihr Stillstand mehr mit einer vor Jahren gescheiterten Beziehung zusammenhängt oder mit der Herkunftsfamilie. Wir stellen Holzfiguren als räumliche Anker (Raumanker) bzw. Platzhalter für das Gegenwartssystem, für die Herkunftsfamilie und eine Papierscheibe für den Stillstand auf. Der Therapeut macht den Anfang. Deutlich nimmt er wahr, dass es um die Herkunftsfamilie geht. Doch um Elsa nicht zu beeinflussen, schweigt er und ermutigt sie, selbst auf die Raumanker zu gehen und sich körperlich einzufühlen.

Elsa: »Ich kann da gar nichts wahrnehmen. Alles fühlt sich gleich schwach an.«

Der Therapeut: »Ich konnte deutlich spüren, worum es geht. Aber Therapie bringt nur etwas, wenn man selbst Erfahrungen macht und wahrnimmt. Sich vom Therapeuten abhängig zu machen ist nicht gut.«

Er bittet Elsa, vor den im Besprechungszimmer hängenden Spiegel zu treten und sich ins Gesicht zu sagen: »Ich traue mich, auf diesen Hilfsmitteln etwas zu spüren. Ich bin bereit, etwas für mich zu tun, denn ich bin es mir wert.«

Oft sind die Angst und die Unsicherheit der Ratsuchenden so groß, dass sie sich nicht erlauben, etwas auf den Hilfsmitteln zu empfinden. Mancher kommt sich auch wie ein Verräter gegenüber der Familie vor, wenn er nun in deren tiefere Gefilde vorstößt, die bisher für alle tabu waren. Mit der inneren Gewissheit jedoch, dass die Familie ein solches Opfer nicht erwartet, können sich viele vor dem Spiegel doch noch überzeugend die Erlaubnis geben, Heilendes wahrzunehmen.

Bei Elsa ist es anders. Sie blickt mich fragend an: »Was haben Sie gerade gesagt? Was soll ich sagen?«

Geduldig wiederholt der Therapeut den Satz. Elsa schaut missmutig in den Spiegel: »Ich traue mich, auf diesen Hilfsmitteln nichts zu spüren ...«

Der Therapeut unterbricht sie: »Haben Sie gemerkt, was das gerade für ein bezeichnender Versprecher war?«

Elsa hat es nicht gemerkt. Im nächsten Anlauf beginnt sie zu stottern. Der Therapeut bittet Elsa, diese Übung jetzt wieder zu vergessen und stattdessen die Augen zu schließen: »Legen Sie bitte eine Hand auf Ihr Herz und sagen Sie sich innerlich: ›Ich habe es verdient, dass es mir gutgeht.‹«

Elsa schluchzt, und es rinnen ihr die Tränen herunter.

Elsa: »Ja, es stimmt, ich erlaube mir nicht, etwas für mich zu tun. Ich bin einfach eine Versagerin ...«

Der Therapeut: »Stopp! Unbedingt sollten Sie mit dieser Selbstabwertung aufhören. Sie sind vermutlich in tiefer Liebe und

Solidarität mit etwas aus Ihrer Herkunftsfamilie verbunden. Wir machen jetzt zum Schluss dieser Sitzung noch einmal einen Versuch.«

Elsa nickt und sagt spontan: »Ich bin es mir wert!«

Es werden Vater, Mutter und Elsa aufgestellt. Der Therapeut stellt sich über die Holzfigur der Mutter und spürt, dass es einem hier extrem schwindlig wird. Auf dem Vater hingegen steht man deutlich stabiler. Elsa zittert, wenn sie auf die Mutter blickt. Erneut verschweigt der Therapeut, was er auf den Elternpositionen gespürt hat.

Meiner Erfahrung nach schadet es den Ratsuchenden oft, wenn man vor ihren Augen die komplette Familiendynamik erklärt und sogar noch die Lösungssätze vorspricht, während der Klient unbeteiligt auf dem Stuhl sitzt und zuschaut. Wer so etwas als Betroffener erlebt, geht in der Regel völlig verunsichert und »überrollt« vom Therapeuten aus der Praxistür hinaus. Wenn jemand nicht selbst auf den Hilfsmitteln Körperwahrnehmungen erhält, ist in den meisten Fällen die Zeit noch nicht reif, oder es sollte eine andere Methode angewandt werden.

Elsa geht nacheinander auf alle Familienmitglieder, und wieder spürt sie keinerlei Unterschiede. Der Therapeut erklärt ihr, dass ihre Solidarität zur Familie momentan noch zu groß ist, um auf diese Weise zu arbeiten. Anschließend macht er den Vorschlag, nach einer anderen Methode vorzugehen.

Nachdem ich ihr mehrere Verfahren beschrieben habe, lächelt sie und sagt, sie werde mich in zwei bis drei Wochen wieder anrufen, um weiter an ihrem Problem zu arbeiten. Insbesondere NLP und die Traumatherapie interessieren sie sehr. Doch Elsa ließ nie wieder von sich hören.

Als Therapeut ist es wichtig, nichts, was in der Arbeit geschieht, zu werten.

Oberflächlich betrachtet, war Elsas Besuch ein Misserfolg. Aber es ist offen, ob dieses scheinbare Scheitern nicht doch ein kleines Samenkorn gesetzt hat, das irgendwann in der Zukunft einmal aufgeht.

Jahrelange Arbeitslosigkeit:
Lambert

Lambert ist verheiratet und seit vielen Jahren ohne Anstellung. Zwar leidet er unter seiner Arbeitslosigkeit, doch es führt ihn noch ein anderes Anliegen in die Praxis: Wenn er fernsieht und ein Bericht über die Schändung von jüdischen Gräbern gesendet wird, bekommt er panikartige Zustände, die anschließend fast den ganzen Tag vorhalten. Er fühlt sowohl Angst vor den Rechtsradikalen als auch eine extreme Wut auf Neonazigruppen. Antisemitismus ist etwas, was er nach eigener Aussage körperlich kaum aushält.

Er sagt, es genüge bereits, dass er in der Tageszeitung eine unscheinbare Notiz über die Zerstörung von Glasscheiben einer Synagoge lese – schon beginne sein Körper zu zittern. Außerdem sei ihm das Thema »Krieg« ein Greuel: »Bei diesen Themen fühle ich mich stets als personifizierte Schuld.« Das gehe nun schon seit fünfzehn Jahren so, und es werde eher schlimmer als besser.

Lambert berichtet, er habe bei einem anderen Therapeuten vor zwei Jahren seine Herkunftsfamilie zu diesem Thema aufgestellt. Es sei jedoch nicht sichtbar geworden, dass es in seiner mütterlichen oder väterlichen Familie eine Verstrickung in eine Täter-Opfer-Problematik im Dritten Reich gebe. Wo aber ist das Thema »Schuld« in der Familie?

Der Therapeut hat die Wahrnehmung, dass es nur wenig Sinn hätte, eine Aufstellung mit Papierscheiben zu machen. Wenn mit viel Macht in der Familie Dinge verheimlicht werden, braucht es eine Gruppenaufstellung. Natürlich gibt es keine Gewähr dafür, dass sich beim zweiten Mal mehr zeigt, doch ich rate Lambert dazu.

Er ist von meinem Vorschlag enttäuscht. Er hatte sich erhofft, wir könnten das Problem in der Einzelarbeit lösen. Er berichtet mir, wie intensiv ihn die damalige Aufstellungsgruppe psychisch und körperlich erschöpft habe. Er hatte die Gruppe als sehr bereichernd erlebt, doch nahm er sich damals vor, sich das nicht noch einmal »anzutun«, weil er es zu anstrengend erlebt habe.

Lambert springt jedoch kurze Zeit später über seinen Schatten und kommt in einen Kurs. Der therapeutische Begleiter entscheidet sich, nur das Familiengeheimnis und Lambert aufzustellen. Für das Familiengeheimnis der Schuld wählt Lambert eine Frau.

Lamberts Stellvertreter wendet sich mit auf den Bauch gepressten Händen vom Geheimnis ab. Längere Zeit geschieht nichts: Lambert schaut aus dem Fenster, das Geheimnis steht hinter ihm. Der Seminarleiter bittet nun einen Mann und eine Frau, die Eltern darzustellen. Kaum hat der Leiter diese beiden mit den Händen losgelassen, fängt die Mutter an zu schreien. Sie schreit in hysterischer Weise extrem laut und blickt nur auf das Geheimnis. Sie schreit panisch weiter, und die Stimme wird immer schriller.

Der Vater wendet sich von der Ehefrau ab und macht zwei

Schritte nach rechts. Er hat den Impuls, den Sohn an der Hand zu nehmen, wozu ihn der Seminarleiter dann auch ermutigt. Der Vater nimmt den Sohn und führt ihn von der Mutter immer weiter fort. Vater und Sohn sind nun in einer anderen Ecke des Raums, wo sie die Mutter nicht mehr sehen können.

Die Mutter ist sichtlich unzufrieden damit, dass ihr Sohn sie mit dem Geheimnis allein lässt, doch nach einer Weile gehen Mutter und Geheimnis aufeinander zu. Wieder beginnt die Mutter, auf hysterische Weise zu lachen und zu schreien. Sie hört gar nicht mehr auf, wie eine Verrückte zu lachen. Der Vater legt nun den Arm um den Sohn, als wolle er ihn schützen. Dem Sohn geht es jetzt sehr gut, woraufhin die Aufstellung beendet wird.

Wie es mit Lambert weitergegangen ist, habe ich dadurch erfahren, dass seine Frau eines Tages als Ratsuchende zu mir kam. Seine Zwangsreaktionen auf den Rechtsradikalismus hatten aufgehört. Und nur wenige Wochen nach der Aufstellung hat Lambert wieder eine Arbeitsstelle bekommen! Er konnte als Chemiker sogar wieder seine frühere Tätigkeit ausüben. Nach langer Arbeitslosigkeit hatte er gar nicht mehr damit gerechnet, überhaupt wieder eine Stelle zu bekommen.

»Es geht ihm wunderbar!«, erzählt die Frau. »Er ist kaum wiederzuerkennen. Wenn er von seiner Arbeit spricht, strahlt er übers ganze Gesicht. Durch die Anstellung hat er wieder Selbstvertrauen gewonnen, was auch unserer Ehe sehr guttut, denn seine Arbeitslosigkeit war für mich ebenfalls eine schwere Belastung.«

2.
Praktische Berufsprobleme

Berufs- und Stellenwechsel

Zuweilen fühlt man sich nach jahrelanger Tätigkeit in seinem Beruf »müde«. Insbesondere wenn man sich seelisch stark weiterentwickelt, ist eine überwiegend nach materiellen Gesichtspunkten gewählte Betätigung nun manchmal nicht mehr die richtige. Dann heißt es, sich neu zu orientieren, wie es beispielsweise in der Geschichte von Udo der Fall ist.

Allerdings ist eine besondere Regel zu beachten, die ähnlich auch für Familiensysteme gilt: Das Neue hat nur eine gute Chance, wenn das Alte im Herzen gewürdigt wird. Wer den Beruf hasst, der ihn jahrelang gut ernährt hat, und nur verächtlich über ihn redet, der wird auch im neuen Beruf schnell enttäuscht werden.

Aber es kommt auch vor, dass ein häufiger Berufswechsel oder der Wunsch nach Stellenwechsel ein Ausdruck dafür ist, dass man sich nicht im Leben verankert, so wie bei Claude. Manchmal ist sogar ein Beruf, den man hasst, aus seelischer Sicht genau der richtige, weil man dort etwas Wichtiges lernen kann. Einmal stellte ein Mann seine Tätigkeit auf, der für das Mahnwesen seiner Firma zuständig war. Naturgemäß hat man in dieser Position oft mit gereizten Menschen zu tun, was sicher niemandem Freude bereitet. In der Aufstellung vermittelte ihm der Stellvertreter des Berufs, dass er diese Beschäftigung auf gar keinen Fall aufgeben sollte. Er müsse endlich lernen, Grenzen zu setzen, wozu er bislang kaum in der Lage war. Die Herausforderung, einen gesunden Selbstschutz aufzubauen, hatte er in über zehn Jahren Mahnwesen immer noch nicht genutzt. Dies jedenfalls zeigte die Aufstellung. Erst wenn man die seelischen Herausforderungen seiner Tätigkeit voll von innen heraus bejaht, wachsen auch die eigenen Fähigkeiten.

Zuweilen kommt es vor, dass das schwere Familienschicksal unaufhaltsam bestimmt, welchen Beruf man ergreift – gegen alle persönlichen Widerstände. Wenn die Berufswahl ein Wiedergutmachungsbeitrag für die ganze Familie darstellt, können persönliche Widerstände oft nichts ausrichten, so wie im Beispiel von Veit.

Bei Rahel und Robert bediene ich mich methodisch wieder der Hilfe von Imaginationen. Bei Rahels und auch bei Roberts inneren Begegnungen hat das Unbewusste eindeutige Rückmeldungen gegeben, die sich als sehr zutreffend für die berufliche Zukunft erwiesen haben. Dass bei Robert selbst Amor noch die Hände im beruflichen Spiel hatte, kam völlig überraschend ...

»Mein Beruf bereitet mir Übelkeit«:
Udo

Udo arbeitet seit über fünfzehn Jahren als Versicherungsmakler. Er sagt: »Ich habe damit gutes Geld verdient, aber wenn ich heutzutage an meinen Beruf denke, wird mir übel. Jeder will möglichst wenig einzahlen; und wer etwas heraushaben will aus dem gemeinsamen Topf, der führt sich gierig auf. Das macht mir keinen Spaß mehr.«

Der Seminarleiter: »Das kann ich verstehen ... Gibt es denn schon Alternativen für dich?«

Udo: »Leider noch nicht. Erst würde ich gern mal sehen, was meine Seele zu dem Ganzen sagt. Darf ich mir wirklich einen neuen Beruf suchen oder muss ich in dem alten bleiben?«

Udo wählt drei Stellvertreter: einen für sich, eine Frau für den jetzigen Beruf und eine Frau für eine mögliche Alternative. Das erste Bild zeigt eine Konfrontation. Udo steht dem alten Beruf direkt gegenüber, während die Alternative abseits steht. Udo fühlt sich unbehaglich: »Mir wird ganz anders. Irgendwie ist es kalt hier.«

Die Stellvertreterin hat sich sehr breitbeinig hingestellt. Sie wirkt unterkühlt. Udo gegenüber ist sie weder freundlich noch unfreundlich. An ihrer Miene sind keinerlei Gefühlsregungen wahrzunehmen. Udo bewegt sich von den Berufen weg einige Schritte rückwärts.

Die Alternative schaut etwas gelangweilt umher. Jedenfalls nimmt sie keinen Augenkontakt mit Udo auf.

Nachdem sich eine Weile nichts bewegt hat, sagt der Seminarleiter: »Es stagniert ... Ich wähle jetzt einen Mann aus und stelle ihn hinzu.« Er sagt aber nicht, wen der Mann vertritt. Nach kurzer Zeit macht der Mann Anstalten, Udo wegzubringen von den Berufen.

Der Seminarleiter: »Gib deinem Impuls nach. Mach, was der Körper sagt.«

Der Mann traut sich nun, Udo energisch an der Hand zu nehmen, und geht mit ihm in eine völlig andere Richtung. Dann schaut der Mann auf den Boden und fixiert eine Stelle.

Der Seminarleiter zur Gruppe: »Er schaut auf einen Toten.«

Zunächst wird jedoch nicht der oder die Tote, sondern es werden Udos Eltern hinzugenommen. Nachdem der Mann ständig auf die Mutter schaut, wird eine Frau (für die tote Person) ausgewählt und dazugestellt. Die Frau blickt zur Mutter. Man sieht, dass sie zusammengehören. Sofort fängt der Mann an zu strahlen. »Ja!«, seufzt er und stellt sich neben die Frau.

Der Seminarleiter: »Diesen Mann habe ich in die Rolle von Udos Seele gewählt. Die Seele will, dass Udo sich einem tieferen Familienproblem stellt, das seinen Beruf belastet.«

Da deutlich wird, dass hier noch jemand fehlt, wird ein Mann hinzugenommen. Sofort weicht das weibliche Familienmitglied der Mutter zurück und fängt leicht an zu zittern. Sie will diesen Mann nicht anschauen.

Der Seminarleiter: »Was wirklich damals geschehen ist, werden wir nicht herausbekommen. Es genügt, zu erkennen, dass die beiden Täter und Opfer sind.« Sowohl der Mann und die Frau als auch die Seele nicken.

Der neu Hinzugekommene fühlt sich stark. Udo ist mittlerweile in die eigene Rolle gegangen und blickt auf die fremde Frau. Es hält ihn nicht auf den Beinen. Da er unschlüssig ist, sagt ihm der Seminarleiter: »Überlass dich ganz deinen Impulsen!« Udo geht auf die Knie, vergräbt den Kopf in die Hände und beginnt, tief zu atmen. Nach einer Weile ermuntert ihn der Seminarleiter, wieder aufzustehen und der Frau zu sagen: »Bitte schau freundlich auf meine berufliche Zukunft.« Innerlich bebend, umarmt er die fremde Frau. Sie ist voller Sympathie für ihn.

Danach geschieht das Gleiche bei dem fremden Mann. Auch hier hält es Udo zunächst nicht auf den Beinen, er kniet sich hin. Erst anschließend kann er ihm denselben Satz sagen. Sowohl die Frau als auch der Mann schauen wohlwollend auf den Nachfahren.

Danach stellt sich die Seele neben Udo. Beide schauen auf den alten Beruf und die Alternative, die intensiv lächelt. Die Miene des alten Berufs wirkt immer noch versteinert. Da geht ein Ruck durch die Seele: Sie verlässt Udo und eilt auf die berufliche Alternative zu. Udo folgt seiner Seele und stellt sich ebenfalls neben die Alternative. Die drei grinsen sich an. Sie fühlen sich gemeinsam sichtlich wohl.

Udo sagt spontan zum neuen Beruf: »Wir gehören zusammen. Ich komme zu dir.«

Der Seminarleiter: »In den Worten lag wenig Kraft. Das geht zu schnell. Da braucht es einen Zwischenschritt.«

Nach dieser Aufforderung geht Udo zum alten Beruf, verbeugt sich vor ihm und sagt ihm: »Danke, dass du mich so viele Jahre gut ernährt hast!«

Zum ersten Mal während dieser Aufstellung entschlüpft dem alten Beruf ein vorsichtiges Lächeln.

Der Seminarleiter zu Udo: »Jetzt kannst du dich wieder neben die Seele und die ›Alternative‹ stellen und ihr zum Beispiel sagen: ›Ich lasse mir Zeit, Schritt für Schritt auf dich zuzugehen.‹«

Udo sagt es. Jetzt wirken seine Worte von innen heraus überzeugend und haben Kraft.

»Soll ich meine Firma verlassen?«:
Claude

Schon beim Vorstellungsrundgang im Seminar fällt auf, dass Claude nur wenig Energie hat: Seine Stimme ist dünn und schwach. Er wirkt niedergeschlagen. Als er einen Tag später an die Reihe kommt und sich neben den Seminarleiter setzt, erzählt er von seinen beruflichen Problemen: Ein Mitarbeiter habe die Firma verlassen, weil er angeblich von Claude gemobbt worden sei. Claude kann das nicht nachvollziehen. Er fühlt sich unschuldig.

Der Seminarleiter: »Was willst du denn jetzt aufstellen?«

Claude: »Irgendwie sollte ich wohl in einer anderen Firma neu anfangen. Immer wieder sagt man mir, dass ich jetzt Abteilungsleiter werde, doch dann passiert wieder nichts. Ich bin es leid.«

Der Seminarleiter: »Sollen wir dich, eine mögliche neue Firma und die jetzige Firma aufstellen?«

Claude: »Ja!«

Claude wählt drei männliche Stellvertreter und stellt sie auf. Es passiert, was fast zu erwarten war: Claudes Stellvertreter wendet sich von den Firmen ab, so, als ob das alles nichts mit ihm zu tun hätte. Dann fängt er an zu zittern und lässt sich kraftlos auf den Boden fallen.

Der Seminarleiter zu Claude: »Es geht gar nicht um den Beruf! Du willst tot sein. Da ist es völlig egal, ob du die Firma wechselst oder nicht! [Zu den zwei Stellvertretern der Firmen:] Ihr könnt euch wieder setzen.«

Claude beginnt zu weinen. Er nickt langsam mit dem Kopf und sagt (schluchzend): »Ja, es macht alles keinen Sinn für mich. Ich fühle mich so ohnmächtig.«

Der Seminarleiter wählt zwei Stellvertreter für die Eltern und stellt sie dazu. Sie schauen auf ihren Sohn, der auf dem Boden liegt. Dann wandert der Blick des Vaters auf mehrere Punkte am Boden, wo er verweilt.

Auf Nachfrage erzählt Claude vom Vater des Vaters, der im

Ersten Weltkrieg als Offizier viele schlimme Taten zu verantworten hatte. Der Seminarleiter wählt einen Mann für den Großvater und zwei Männer sowie zwei Frauen für Kriegsopfer und bittet sie, sich auf den Boden zu legen.

Eines der Opfer sieht traurig zu Claude: »Warum schaut der immer zu mir? Er interessiert mich gar nicht! – Ich will ihn [zeigt auf den Großvater].«

Claude kommt nun in die eigene Rolle und verbeugt sich auf den Hinweis des Seminarleiters hin mit dem Vater zusammen nacheinander vor den vier Opfern. Die Opfer lassen erkennen, dass sie Claude freundlich gesinnt sind. Claude weint gerührt.

Der Vater nimmt ihn an der Hand und verbeugt sich auch noch vor dem Großvater und bittet ihn: »Mein Sohn ist unschuldig. Bitte schau freundlich auf ihn!«

Der Großvater nickt und wendet sich an den Seminarleiter: »In dem Moment, als die beiden vor das erste Opfer traten und sich verbeugten, spürte ich den Impuls, mich zu dieser Frau hier [ein Opfer] zu knien und ihre Hand zu nehmen.

Der Seminarleiter: »Tu das!«

Auf Knien schaut der Großvater die vier Opfer an. Er sagt (stammelnd): »Es tut mir so leid!«

Interessiert schaut Claudes Mutter nun zu ihrem Mann und zu ihrem Sohn: »Ich will was für den Sohn tun!«

Der Seminarleiter: »Ich wollte ohnehin mit den beiden zu dir kommen!« Der Seminarleiter, Claude und der Vater stehen nun vor der Mutter.

Der Seminarleiter zum Vater: »Sag deiner Frau: ›Neben dir ist er sicher!‹«

Der Vater spricht es aus, und die Mutter lächelt den Sohn an. Claude stellt sich an ihre linke Seite und atmet tief durch.

Die Mutter sagt ihm auf Vorschlag des Seminarleiters: »Bei mir bist du sicher, und natürlich darfst du uns beide gleich lieb haben.«

Claude umarmt seine Mutter und seufzt. Er weint.

Der Seminarleiter: »Atme die Liebe zu deiner Mutter tief in dein Herz.«

Nach einer Weile sagt der Seminarleiter zu Claude: »Können wir es hierlassen?«

Claude nickt und wirkt befreit.

»Als Arzt bin ich im falschen Beruf«:
Veit

Veit ist von Beruf Gynäkologe. Er sagt: »Seit dreißig Jahren bin ich im falschen Beruf!« Auf die Frage, wie es dazu gekommen ist, schildert er seine Schul- und Ausbildungszeit in Rumänien, wo er als Deutschstämmiger aufwuchs. Sein Studienberater in der Schule fragte ihn, was er denn studieren wolle. Die Antwort war: »Physik.« Der Studienleiter lachte und meinte, dass er das nicht schaffen würde. Als Zweites sagte Veit spontan: »Medizin.« Der Studienleiter meinte: »Das schaffst du auch nicht, man wird dich dazu nicht auswählen.« Doch aus Trotz diesem Studienleiter gegenüber trug sich Veit für Medizin ein und wurde prompt genommen.

Veit: »Nur aus Trotz wurde ich Mediziner, und Gynäkologe wurde ich, weil ich am Ende fast keine andere Richtung mehr auswählen durfte ...«

Der Seminarleiter: »Und was stellen wir jetzt auf? Die meiste Zeit deines Berufslebens ist ja vorbei, und Alternativen hast du vermutlich auch nicht – oder doch?«

Veit schüttelt den Kopf: »Nein, nein ... Am besten wende ich mich einem anderen Thema zu. Ich leide seit der Jugend an etwas Schwerem, das aus meiner Familie auf mir liegt. Ich fühle es als besondere Last. Das ist mein Thema.«

Veit wählt jemanden für sich und eine Frau für das Schwere. Auch die Eltern werden sogleich dazugestellt. Das »Schwere« orientiert sich sofort an dem Vater.

Veit erzählt, dass es in des Vaters Familie ein wichtiges Thema gibt: »Eine Tante verstarb bei der illegalen Abtreibung durch eine ›Engelmacherin‹.«

Diese verstorbene Tante wird ausgewählt. Sie legt sich auf den Boden. Auch die »Engelmacherin« kommt dazu. Die Tante zittert am ganzen Körper. Es geht ihr schlecht. Veit kommt nun in die eigene Rolle.

Der Seminarleiter zu Veit: »Schau die beiden an und sag ihnen: ›Euch zum Andenken hat mich das Schicksal zum Frauenarzt gemacht.‹«

Veit bekommt einen hochroten Kopf und schweigt betroffen. Über diesen verborgenen Hintergrund seiner Berufswahl hat er offensichtlich noch nie nachgedacht. Dann sagt er den beiden den vorgegebenen Satz. Nun kann sich die Tante entspannen. Veit kniet sich zu ihr und hält ihre Hand. »Dein Schicksal ist nicht vergessen«, sagt er zu ihr. Und zur »Engelmacherin«: »Ich erkenne an, dass das Schicksal der Familie dich in Dienst genommen hat. Ich klage dich nicht an ...«

Der Seminarleiter stellt das Schwere an die Seite des Vaters. Veit stellt sich vor seinen Vater: »Ich achte dieses Familienschicksal, und ich stimme meiner Berufswahl endlich zu.«

Der Vater lächelt: »Gut. Es freut mich.«

Der Seminarleiter zu Veit: »Spüre, ob du deinem Vater noch etwas sagen willst.«

Veit: »Ich würde ihn gern in den Arm nehmen.«

Der Seminarleiter: »Gut, nimm ihn in den Arm.«

Sie halten sich eine Weile. Dann stellt der Seminarleiter Veit neben seine Mutter, die in eine ganz andere Richtung schaut. Die Mutter strahlt.

Der Seminarleiter zu Veit: »Wie geht es dir hier?«

Veit: »Prima, bestens.«

Der Seminarleiter: »Mach mal die Augen zu und stell dir vor, du gehst immer nach vorn und lässt dieses Schwere hinter dir ...«

Veit macht es und sagt: »Das fühlt sich gut an.«

Die Arbeit mit den Männern:
Rahel

Rahel arbeitet als leitende Chemikerin in einer bekannten großen Chemiefirma. In ihrem Team sind ausschließlich Männer. Schon seit längerem fühlt sie sich in diesem Umfeld unwohl. In jüngster Zeit bekommt sie immer häufiger Schwindelanfälle am Arbeitsplatz. Nicht nur die Auseinandersetzungen mit ihrem Chef ermüden sie, sondern auch die »Macho-Allüren« ihrer Kollegen.

Rahel möchte ihr Problem nicht als Aufstellung bearbeiten, sondern sie würde gern Bilder aus ihrem Inneren als Rückmeldung auf ihr Problem erhalten. Der Therapeut bringt Rahel in einen entspannten Zustand und bittet sie, sie solle innerlich in eine Landschaft gehen, in der sie sich ihrem Berufsproblem stellen möchte.

Der Therapeut: »Schau auf deine Füße! Welche Schuhe hast du an?«

Rahel: »Stabile Sportschuhe. Sie sind das Richtige für diese Berglandschaft, in der ich mich gerade befinde.«

Der Therapeut: »Spür auch den Wind, die Temperatur, spür die Sonne, falls es Sonne gibt ...«

Rahel nimmt sich Zeit, so tief wie möglich in ihr inneres Erleben einzutauchen. Als sie die Natur in ihrem Umfeld plastisch schildern kann, ermuntert der Berater sie loszulaufen. Rahel möchte den höchsten Berg in der Nähe erwandern.

Der Therapeut: »Sieh dich am Fuß des Berges und stell dir vor, dass es zwei Wege nach oben gibt. Da kommt vielleicht eine Gabelung, wo der Weg A etwas zu tun hat mit deinem jetzigen Berufsweg in deiner Firma und der Weg B eine mögliche Alternative dazu darstellt.«

Rahel sieht zwei Hinweisschilder. Zuerst möchte sie den Weg ausprobieren, der mit »A« gekennzeichnet ist.

Rahel: »Igitt, hier ist es etwas schlammig! Der Boden ist aufgeweicht.«

Der Therapeut: »Was machen deine Füße? Sind sie noch trocken?«

Rahel: »Einigermaßen. Aber irgendwie ist es auch dunkel hier. Leider kann ich kaum auf die grandiose Landschaft schauen. Alles ist zu mit großen Büschen und Bäumen. Und dann immer wieder dieser Schlamm ... [Nach einer Pause:] Jetzt kommen sogar große Gesteinsbrocken, über die ich umständlich hinübersteigen muss. Außerdem habe ich mir gerade den Arm etwas aufgekratzt, weil es hier so stachlige Büsche gibt ... [Nach einer weiteren Pause:] Aaaah [schreit]!«

Der Therapeut: »Was ist passiert?«

Rahel: »Da kommen einige Indianer und werfen mit Steinen nach mir ... Jetzt seh ich deutlich den Anführer – verrückt ... Er hat ein T-Shirt mit unserem Firmenlogo auf der Brust! Wie so ein Gorilla klopft er sich mit der Pranke dauernd auf die Brust.«

Rahel seufzt und dreht unwillig den Kopf zur Seite: »Jetzt erlebe ich exakt den gleichen Schwindelanfall, wie ich ihn oft in der Firma habe.«

Da Rahel immer schneller atmet und zu keuchen beginnt, sagt der Berater: »Und jetzt bitte langsam ausatmen, langsam ... und langsam einatmen. Bitte alle negativen Gefühle, die momentan vorhanden sind, durch den leicht geöffneten Mund ausatmen. Beim Einatmen bitte Sonnenlicht vorstellen.«

Nach kurzer Zeit geht es Rahel wieder besser.

Rahel: »Sie sollen mich alle in Ruhe lassen, diese Kollegen, ich ertrage sie nicht mehr.«

Rahel würde gern zum Ausgangspunkt der Wanderung zurückgehen, doch ich ermutige sie, noch ein bisschen abzuwarten. Vielleicht klärt sich ja noch etwas. In der Tat verschwinden die »Indianer« bald, und Rahel kann weitergehen. Doch ihre Begeisterung hält sich in Grenzen: Der Weg wird immer enger und dunkler, und plötzlich bricht er ganz ab. Es geht buchstäblich nicht weiter, denn es scheint hier einen Bergsturz oder etwas Ähnliches gegeben zu haben.

Der Therapeut: »Wenn es tatsächlich keine Möglichkeit mehr gibt, auf diesem Weg weiterzugehen, dann kannst du natürlich zum Ausgangspunkt zurück.«

Rahel: »Ja, ich gehe zurück. – Stopp! Da ist ja noch ein Schild.«

Der Therapeut: »Ein Schild?«

Rahel: »Ja, da hinten ist noch ein Schild.«

Der Therapeut: »Vielleicht ist es wichtig für dich, zu erfahren, was dort draufsteht.«

Rahel: »Ich kann es jetzt deutlich lesen: ›Absturzgefahr! Weitergehen untersagt!‹ – Ich habe es doch gleich geahnt, dass es auf diesem Weg nicht zum Gipfel geht.«

Rahel geht zurück zur Weggabelung am Anfang ihrer inneren Reise. Nun verfolgt sie Weg B. Diese Route ist wesentlich angenehmer zu bewältigen. Es gibt keinen Schlamm, stattdessen sieht sie Obstbäume, und häufig öffnet sich der Blick auf die phantastische Landschaft. Der Weg zum Gipfel mit seinem Panoramablick ist recht einfach zu erwandern. Zu Rahels Erstaunen befindet sich am Gipfel eine Forschungsstation. Ein Herr mit einem freundlichen Lächeln fragt, ob sie nicht Lust hätte, hier zu arbeiten. Welch eine Frage! Rahel sagt sofort und begeistert zu.

Nachdem sie ihre Imaginationsreise beendet hat, sprechen wir kurz über die Bilder. Rahel ist erschüttert, wie deutlich ihr gezeigt wurde, was ihr Körper ihr schon seit langem signalisiert: dass sie am falschen Arbeitsplatz ist. Schon seit Jahren hat sie die Phantasie, so gesteht sie, sich bei verschiedenen Instituten der chemischen Forschung zu bewerben.

Ich ermutige Rahel, nicht unmittelbar nach der Sitzung berufliche Entscheidungen zu treffen, sondern den Bildern erst einmal Raum zur Entfaltung zu geben.

Ein Jahr nach dieser Sitzung sehe ich Rahel wieder. Es geht ihr bestens. Sie hatte damals recht schnell gekündigt und auf Anhieb eine Stelle in der wissenschaftlichen Forschung erhalten. Sie erzählt: »In diesem Institut wollte ich eigentlich schon immer arbeiten. Es ist wie ein Traum, dass ich jetzt wirklich dort bin.«

Robert ist von Beruf Heilpraktiker. Wir kennen uns schon einige Jahre, da Robert des Öfteren zur Beratung kommt. Auf dem Land führt Robert eine Praxis, die mittelmäßig erfolgreich ist.

Drei Monate später könnte er bei einem Kollegen in Bielefeld einsteigen, der dringend Unterstützung sucht. Roberts Schilderung ist fast euphorisch. Der Heilpraktiker in Bielefeld und Robert sind seit langem befreundet, und sie haben vor etlichen Jahren schon einmal erfolgreich auf ihren jeweiligen Fachgebieten zusammengearbeitet.

Allerdings bedeutet ein Umzug in die Fremde, dass Robert seine Landpraxis aufgeben müsste. Es hieße ebenso Abschied nehmen von seinen Freunden, und es ist fraglich, ob das Projekt in Bielefeld auch erfolgreich wird. Immerhin muss Robert auf Frau und Kinder keine Rücksicht nehmen, denn er lebt schon lange als Single.

Meinen Vorschlag, wir könnten die beiden Wege mit Hilfsmitteln aufstellen, lehnt Robert ab. Mit dem Familien-Stellen als Methode möchte er nichts zu tun haben. Wie konnte ich das nur vergessen ...? Doch Robert ist bereit, sich auf eine imaginative Reise einzulassen, wie er das schon so oft in meiner Praxis getan hat.

Robert (nachdem er gut entspannt ist): »Vor meinem inneren Auge geschieht im Moment alles von selbst ... Mir ist ganz klar, dass der Weg, den ich gerade vor mir sehe, ›Bielefeld‹ ist. Irgendwie ist es ein Weg in der Wüste. Hier gibt es schroffe Canyons, Schlangen, dornige Büsche, an denen man sich verletzen kann ... [Außerdem hat Robert Angst, vom Rand seines

Weges herunterzuschauen:] Es ist so steil, dass einem schwindlig wird.«

Der Berater: »Das klingt nicht so verlockend. Gibt es denn gar nichts Positives zu entdecken?«

Robert: »Irgendwo ist hier wohl auch eine Oase. Aber irgendwie komme ich da nicht hin ... [Nach einer Weile des Weiterwanderns:] Ich werde immer müder.«

Robert gelangt schließlich an eine Höhle. Hier schläft er, um wieder Kraft für den nächsten Tag zu sammeln. Doch am nächsten Morgen stellt sich die Situation in seiner Imagination nicht verheißungsvoller dar als am Tag zuvor.

Robert: »Jetzt habe ich keine Lust mehr, mir diesen Weg weiter anzuschauen.«

Der Therapeut: »In Ordnung. Was willst du tun?«

Robert: »Ich denke jetzt an die Alternative: in meiner Praxis bleiben. Dann warte ich ab, welche Bilder sich einstellen.«

Vor Roberts Augen entfalten sich Bilder aus dem 18. Jahrhundert. Eine Kutsche fährt vor, Pferde werden an einer Poststelle gewechselt, und viele Menschen gehen bei einem Gasthaus ein und aus. Irgendwann sieht Robert sich selbst auf einem Pferd reiten. Vor seinen Augen taucht eine verschleierte Frau auf. Durch den Schleier kann er sie nicht genau erkennen, doch sie übt eine magische Anziehung aus.

Der Therapeut (lacht): »Die Sache liegt klar auf der Hand: Du musst hierbleiben, denn nur hier wirst du die Frau deines Lebens kennenlernen! Bei solchen Entscheidungen geht es um mehr als nur den Beruf und die Stelle, es geht immer um das Schicksal aller Lebensumstände.«

Robert ist stets für einen Spaß zu haben, wobei meine Bemerkung aber auch ernst gemeint war.

Er lacht ebenfalls: »Du hast recht. Ich habe endlich einmal eine langfristige, stabile Beziehung verdient. Deswegen sollte ich hierbleiben, denn diese Verschleierte wohnt bestimmt nicht in Bielefeld ...«

Wieder zurück von der Phantasiereise, reden wir über das Erlebte. Robert ist es aus der Vergangenheit gewöhnt, dass die Bilder der imaginativen Reise ihm deutliche Hinweise für sein Leben geben. Doch er kann diesmal das Erlebte nicht mit seiner bevorstehenden Entscheidung in Bezug setzen.

Der Therapeut: »Lass alle Inhalte einfach außer Acht und spür dich in diese beiden Wege hinein. Wie fühlte es sich auf der ersten Reise an und wie auf der zweiten?«

Robert zögert keine Sekunde und antwortet: »Bielefeld scheint ein Weg der Wüste zu sein. Ich glaube, es liegt kein Segen darauf, während es viele Gründe zu geben scheint, dass ich in meiner Praxis bleibe. Jedenfalls ist hier die Energie viel positiver.«

Der Therapeut stimmt ihm zu und ist gespannt, wie es mit Robert weitergeht. Robert ist ein Freund chinesischer Weisheit: Er hat einen Tag nach dieser Sitzung ein I Ging gelegt. Für sich selbst verstand er den Antworttext so, dass es sowohl für die innere als auch die äußere Entwicklung »gut ist, dort zu bleiben, wo man ist« – das jedenfalls war der genaue Text des Orakels! Also entschied sich Robert, in seiner Praxis zu bleiben.

Was nun folgt, mag manchem unglaublich erscheinen: Vier Monate später traf Robert die »Frau seines Lebens«. Sie war zwar nicht verschleiert, doch sie schlug ihn sofort in ihren Bann – wie in jener Imaginationsreise. Da ich mit Robert noch weitere Jahre in Kontakt geblieben bin, weiß ich, dass diese Partnerschaft stabil war. Nach wie vor ist Robert froh, dass er nicht nach Bielefeld gegangen ist, »denn dort hätte ich sie nicht kennengelernt«. Auch seine Landpraxis hat sich bestens weiterentwickelt.

Beruf und Krankheit

Es ist weithin bekannt, dass die Erwerbstätigkeit uns gesundheitlich beeinträchtigen kann. Wer in seinem Beruf viel Stress, Lärm oder anderen Umweltbelastungen ausgesetzt ist, den macht das Arbeiten möglicherweise dauerhaft krank. Manch einer ist sogar aufgerufen, seine Stelle zu wechseln, wie es zum Beispiel in der Geschichte von Rainer der Fall ist.

Dass unsere Gedanken und Wertungen im Berufsleben uns krank machen können, verdeutlicht Monikas Fall. Ohne weiteres leuchtet uns ein, dass jeder Beruf, in dem wir schlimmem Trauma ausgesetzt sind, stark auf unsere Psyche wirkt. Wie ein junger Feuerwehrmann seinen Weg wiederfinden konnte, erleben wir in dem Beispiel von Giovanni.

Das Gift:
Rainer

Manchmal kann der Beruf einen Menschen auf ganz direkte Weise krank machen. Rainer arbeitet in der chemischen Industrie. Er ist glücklich verheiratet und wirkt sehr bodenständig. Rainer erzählt von unerklärlichen extremen Blutdruckschwankungen, von nervlicher Schwäche, kleinen Zitteranfällen, häufiger Bronchitis und zunehmenden Problemen beim Atmen. Meine erste Frage gilt der schulmedizinischen Abklärung. Rainer berichtet, der Hausarzt habe Routineuntersuchungen durchgeführt, die alle ergaben, dass er völlig gesund sei. Sind also die Beschwerden mehr im psychischen Bereich zu suchen? Dies jedenfalls war die Vermutung des Hausarztes.

In einer Aufstellung in der Praxis sucht Rainer Papierscheiben für sich, Scheiben für das Familiensystem und eins für ein Fragezeichen. Das Fragezeichen steht in meiner Arbeit für etwas, was möglicherweise wichtig ist, aber dem Betreffenden und auch dem therapeutischen Begleiter bislang noch nicht bewusst ist. Sowohl Rainer als auch dem Therapeuten wird es schwindlig, wenn wir auf das Fragezeichen gehen oder wenn wir von Rainers Platzhalter auf das Fragezeichen hinüberschauen.

Spätestens an diesem Punkt ist es angezeigt, über Rainers berufliche Situation zu sprechen. Erst jetzt berichtet er davon, dass die Symptome immer im Urlaub verschwunden seien. Sobald er jedoch in die Firma zurückgehe, kämen sie wieder. Nun sei er seit sechs Jahren in dem Unternehmen; und wenn er es recht bedenke, begannen die Probleme erst in dieser Zeit. Außerdem gab es noch eine weitere Beobachtung: Je näher er in der Firma an der Produktionsstätte jenes chemischen Produkts eingesetzt war, das dort hergestellt wird, desto schlechter ging es ihm hinterher, wenn er nach Hause kam! Außerdem sei er nicht der einzige Mitarbeiter, der Krankheitssymptome entwickle. Viele Kollegen seien gesundheitlich belastet.

In einem weiteren Schritt stellen wir nun die Firma auf und auch eine berufliche Alternative, bei der die Herstellung dieses chemischen Produkts keine Rolle spielt. Das Ergebnis ist für Rainer verblüffend: Er fühlt eine ungeheure Erleichterung, als er auf die Papierscheibe eines möglichen neuen Arbeitgebers geht.

Einige Wochen vor dem Gespräch mit Rainer hatte ich zufällig einen Arzt kennengelernt, der auf Umweltmedizin spezialisiert war. Er machte einen sehr kompetenten Eindruck. Somit gab ich Rainer die Adresse dieses Arztes und bat ihn, sich dort gründlich untersuchen zu lassen.

Die Befunde waren so, wie Rainer und ich es erwartet hatten: Im Blut konnten mehrere Giftstoffe isoliert werden, die auf die Haut, die Bronchien und auch auf den Kreislauf wirken, insbesondere ein spezieller Giftstoff. Dieser ist seit vielen Jahren in der Umwelt- und Berufsmedizin bekannt und war für Rainers gesundheitliche Probleme verantwortlich! So gab dieser Arzt Rainer die Empfehlung, sich einen neuen Arbeitsplatz zu suchen.

Interessanterweise war Rainer noch vor dem Besuch in meiner Praxis von seinem Schwager eine Stelle in einem gesundheitlich unbedenklichen Bereich angeboten worden. Er selbst hatte damals jedoch noch nicht daran gedacht, dass seine Symptome beruflich bedingt sein könnten, da die erste Untersuchung ja keinen Befund ergeben hatte. Für Rainer ist nun klar, dass er auf alle Fälle die Firma verlassen muss.[9]

Wenn berufliches Schicksal krank macht:
Monika

Monika ist Ende fünfzig. Sie schleift ein wenig das rechte Bein beim Gehen nach. Als sie aufgerufen wird und sich neben den Seminarleiter setzt, deutet sie auf ihr Bein und sagt: »Dieses

Bein schmerzt oft, und kein Arzt weiß so richtig, was da los ist.«

Der Seminarleiter: »Seit wann hast du das?«

Monika: »Seit drei Jahren.«

Der Seminarleiter: »Was ist vor drei Jahren passiert?«

Monika: »Da bin ich gegen meinen Willen als Abteilungsleiterin entlassen worden, frühpensioniert ... Kurz danach hat es angefangen.«

Der Seminarleiter: »Es gibt keine genaue schulmedizinische Diagnose?«

Monika: »Nein. Einige meinen, es sei rheumatisch.«

Der Seminarleiter nimmt zwei weiße Käppis, legt sie einen Meter weit auseinander auf den Boden und blickt Monika an: »Such dir jetzt noch bitte jemanden für deine Symptome aus.«

Monika bittet eine Frau aus der Gruppe, die Symptome darzustellen. Der Seminarleiter bittet die Stellvertreterin der Symptome, auf die Käppis zu schauen und zu spüren, welches von beiden sie anzieht.

Die Stellvertreterin der Symptome: »Das linke.« Dabei geht sie einen Schritt auf das linke Käppi zu.

Der Seminarleiter zu Monika: »Das linke Käppi hatte ich definiert als ›berufliche Verwicklungen‹, während das rechte für alles andere steht. – Wähle also die wirklich wichtigen Leute aus der Firma aus und stell sie dazu!«

Es kommen nun eine Frau als die Vorgesetzte hinzu, die sie entlassen hat, und eine Frau für sie selbst. Monika gibt der Gruppe noch die Information, dass ursprünglich sie selbst den Posten der Vorgesetzten hätte erhalten sollen. So sei es also ihre Konkurrentin gewesen, die sie entlassen habe.

Im ersten Bild der Aufstellung stehen sich Monika und die

Vorgesetzte gegenüber, während die Stellvertreterin für die Symptome neugierig auf die beiden schaut.

Die Vorgesetzte: »Das ist alles etwas anders, als sie denkt. Ich fühle mich unter totalem Druck von hinten. Mit ihr habe ich gar nicht so viel zu tun. Ich bin zu Unrecht ihr Buhmann!«

Der Seminarleiter nimmt einen Mann hinzu, der den Firmenchef vertritt, und stellt ihn der Vorgesetzten in den Rücken.

Die Vorgesetzte: »Ja, genau da muss er hin, ich habe den Druck nämlich von hinten gefühlt.«

Die Vorgesetzte hält den Druck nur kurz aus und geht dann zur Seite. Nun schaut Monika ihrem Chef in die Augen. Der Chef sagt: »Da gibt es gar nichts Persönliches, ich musste Sie entlassen.«

Monika bestätigt von ihrem Stuhl aus, dass die Firma umstrukturiert wurde. Es wurden auch andere entlassen, nicht nur sie.

Monika ballt ihre Faust versteckt hinter ihrem Rücken und presst die Lippen aufeinander. Dann mahlt sie mit dem Kiefer.

Der Firmenchef (steht breitbeinig vor Monika): »Was will die eigentlich? Ich mache nur, was ich machen muss, es geht nicht um sie als Person.«

Ohne etwas zu erklären, wählt der Seminarleiter eine Frau aus der Gruppe und stellt sie zum Chef und zu Monika.

Allen Beteiligten bleibt die Luft weg. Die neu Hinzugekommene ist jetzt zur mächtigsten Person aller Aufgestellten geworden.

Die Stellvertreterin der Symptome: »Das ist es! Wir beide gehören zusammen.« Sie geht zu der neuen Frau und legt ihr von hinten die Hände auf.

Der Seminarleiter zu Monika: »Willst du in deine eigene Aufstellung kommen?«

Monika: »Ja.«

Der Seminarleiter: »Weißt du, in welche Rolle diese neue Frau von mir gewählt wurde?«

Monika: »Sie vertritt meine berufliche Anerkennung, die mir zusteht.«

Der Seminarleiter: »Nein, sie steht für deine Rachegelüste und Hassgefühle gegenüber jener Frau, die dich entlassen hat!«

Monika schluckt betroffen, während sich ihre Stellvertreterin setzt.

Der Seminarleiter zu Monika: »Deine negativen Gefühle haben die Symptome entscheidend mitverursacht.«

Die Stellvertreterin der Symptome nickt. Monika bekommt feuchte Augen.

Der Seminarleiter wählt wieder eine Frau aus der Gruppe aus. Monika soll ihr in die Augen blicken, doch es fällt ihr schwer.

Der Seminarleiter zu Monika: »Weißt du, wer das ist?«

Monika: »Keine Ahnung.«

Der Seminarleiter: »Das ist die Vertreterin deines Berufsschicksals! Verneig dich mal vor ihr.«

Monika verneigt sich und atmet tief aus. Dann sagt sie dem Berufsschicksal: »Ich stimme dem zu, was du mir bereitet hast, auch wenn ich es nicht verstehe.«

Das Berufsschicksal: »Es war mir sehr schwer, auf Monika zu schauen, aber jetzt fühlt es sich viel besser an, viel leichter.«

Die Stellvertreterin der Symptome lächelt: »Jetzt bin ich nicht mehr so wichtig, ich schrumpfe immer mehr.«

Die Stellvertreterin von Rache und Hass: »Ja, ich werde auch immer kleiner.«

Nun sagt Monika auf Vorschlag des Seminarleiters zu dieser Stellvertreterin: »Ich habe dich geschaffen, jetzt löse ich dich auf.«

Die Stellvertreterin von Rache und Hass seufzt, Monika atmet tief und erleichtert aus. Zur Abteilungsleiterin sagt sie noch: »Es tut mir leid!«

Alpträume als Feuerwehrmann:
Giovanni

Giovanni hat als junger Erwachsener in Süditalien bei der Feuerwehr gearbeitet. Seit drei Jahren ist er auch in Deutschland bei der Feuerwehr. Doch der Alltag und die Arbeit fallen ihm immer schwerer. Alle acht bis zehn Tage plagen ihn schwere Alpträume, in denen verkohlte Leichen und brennende Autos vorkommen. Schweißgebadet wird er dann wach und kann nicht mehr einschlafen.

Der Therapeut: »Seit wann genau haben Sie diese Alpträume?«

Giovanni: »Seit dem 23.1.1997. Seit zehn Jahren habe ich nun diese Alpträume. Nichts und niemand hat mir bislang helfen können, sie loszuwerden.«

Der Therapeut: »So genau wissen Sie das noch alles?«

Giovanni: »Das werde ich nie vergessen. In dieser Nacht schnitt ich mit dem Schweißbrenner meinen besten Freund aus einem Unfallauto heraus. Er war völlig verkohlt. Erst die Nacht vorher waren wir vergnügt in der Disco gewesen und hatten Witze gemacht ...« Giovanni beginnt leicht zu zittern und atmet heftig.

Der Therapeut: »Sie rutschen gerade wieder in Ihr altes Trauma hinein. Bitte schließen Sie jetzt die Augen. Denken Sie bitte an etwas, das Ihnen Kraft gibt.«

Giovanni: »Der Anblick des Meeres von einem kleinen Hügel vor meinem Heimatdorf in Süditalien.«

Der Therapeut: »Bitte begeben Sie sich nun auf diesen Hügel und schauen Sie aufs Meer.«

Giovanni macht es, und bald schon zeigt sich ein Lächeln um seine Mundwinkel: »Beim Anblick dieses Meeres singt meine Seele!«

Der Therapeut: »Wenn Sie mir jetzt weiter von den schrecklichen Vorkommnissen erzählen, müssen wir beide aufpassen, dass Sie nicht wieder in den alten Schmerz fallen und von ihm überwältigt werden. Sie können jederzeit in dieses kraftvolle Bild zurückgehen.«

Giovanni nickt. Ohne weitere Zwischenfälle kann er erzählen. Neben dem Gesicht seines Freundes tauche zuweilen auch das Antlitz einer noch sehr jungen sterbenden Frau auf. Einige Wochen nach dem Tod des Freundes habe er einen Einsatz gehabt, bei dem er eine verletzte Frau aus einem Auto retten musste. Sie habe in seinen Armen gelegen, die Augen aufgeschlagen und ihn freundlich angeblickt.

Giovanni: »Ich fragte sie, wie es ihr gehe, doch sie schloss die Augen wieder und starb in diesem Moment ... Ich war so verwirrt, dass ich sie mehrmals anschrie, sie solle doch sofort wieder wach werden.«

Endlich seien Kollegen gekommen, die ihm die Frau aus den Armen nahmen und ihm klarmachen mussten, dass sie wirklich tot war.

Giovanni sagte sich damals gebetsmühlenartig immer denselben Satz: »Ich habe doch alles richtig gemacht. Gott, warum hast du sie sterben lassen? Ich habe doch alles richtig gemacht!«

Der Therapeut: »Ist Feuerwehrmann für Sie der richtige Beruf?«

Giovanni: »Absolut! Aber damals war ich noch sehr jung,

knapp achtzehn Jahre alt. Niemand hat einem seelische Hilfestellung gegeben. Irgendwie muss man das ja alles verarbeiten. Schließlich geht es ja um Menschen. Damals der Einsatz mit meinem toten Freund – das war ein Fehler. Der Einsatzleiter hatte mich noch gewarnt, ich solle lieber nicht mitfahren, denn es sei das Auto eines meiner Freunde. Aber zu kneifen galt nicht als ›cool‹. Ich wollte nicht als Schwächling dastehen und bin natürlich mitgefahren. Das hätte ich nie tun sollen … es war einfach zu viel für mich.«

Der Therapeut: »In der Tat!«

Mit Holzfiguren stellt Giovanni nun sich und seinen toten Freund auf. Sofort wird er wieder traurig. Auf der Figur kann er spüren, dass es dem Freund nicht gutgeht, wenn dieser auf Giovanni schaut.

Giovanni fragt, woran das wohl liege.

Der Therapeut: »Wie kann es ihm gutgehen, wenn er weiß, dass Sie heute noch Alpträume wegen der damaligen Vorfälle haben! Er will doch, dass es Ihnen gutgeht.«

Giovanni: »Ist ja ganz klar …«

Der Therapeut schlägt Giovanni vor, er solle dem Freund in die Augen schauen und ihm sagen: »Wir hatten zusammen eine wirklich gute Zeit. Es war so lustig. Ich achte diese gute Zeit mit dir und auch deinen Unfalltod. In meinem Herzen lebst du weiter.«

Giovanni sagt den Satz auf Italienisch, denn so fühlt er sich dem Freund näher. Er ist sehr ergriffen.

Der Therapeut. »Was glauben Sie, wie es dem Freund jetzt geht?«

Giovanni: »Keine Ahnung.« Er stellt sich über die Figur des Freundes und sagt (erstaunt): »Es geht ihm ja viel besser!«

Der Therapeut prüft es nach und bestätigt es. Er empfiehlt:

»Am besten, Sie denken jetzt beim Einschlafen ab und zu mal an ihn und an die guten alten Zeiten!«

Giovanni: »Mach ich!«

Auf ähnliche Weise gehen wir auch in Kontakt mit der Frau, die in Giovannis Armen verstarb. Giovanni sagt ihr: »In der Begegnung mit dir sah ich zum ersten Mal in meinem jungen Leben jemanden sterben. Das hat mich überwältigt! Bitte segne meinen Schlaf ... [Kurz darauf:] Bin ich verrückt? Ich sehe gerade, wie sie mich anlächelt und mir zunickt. Spinne ich?«

Der Therapeut: »Ich glaube, es gibt Verrückteres! Sie nehmen innerlich wahr, dass diese Seele mit Liebe und Verständnis auf Sie schaut. Auch sie freut sich, wenn Sie jetzt ganz normal schlafen – so wie jeder andere Mensch auch.«

Genau vier Wochen später sehe ich Giovanni wieder. Er strahlt mich an. Er hatte nur einen einzigen Alptraum in dieser Zeit, und der war nicht so schlimm wie die früheren.

Ich hatte Giovanni in der ersten Sitzung erklärt, dass es sinnvoll wäre, auch traumatherapeutisch zu arbeiten. Überall in seinen Körperzellen sind diese schrecklichen Bilder von damals noch gespeichert. Durch die Traumatherapie kann man dem Körper die Gelegenheit geben, das alte Trauma abfließen zu lassen.[10]

In der zweiten Sitzung erlebt Giovanni, wie man sich mit der Anwendung von Kraftbildern und der vorsichtigen Kontaktaufnahme mit dem Trauma von diesen alten Wunden verabschieden kann.

Weitere zweieinhalb Monate später kommt Giovanni erneut. Der Therapeut war darauf eingestimmt, dort weiterzumachen, wo die Arbeit das letzte Mal aufgehört hatte.

Giovanni: »Nicht nötig! Ich hatte keinen einzigen Alptraum mehr. Nicht einen! Mir geht es blendend! Falls das Problem jemals wieder hochkommen sollte, melde ich mich sofort bei Ihnen. Was mich heute zu Ihnen führt, ist etwas völlig anderes ...«

Giovanni erzählt mir über seine Freundin, die ihm eine »ganz alte Geschichte« immer wieder vorwerfe ... Doch das gehört nicht mehr hierhin. Jedenfalls hat Giovanni keine Alpträume mehr und kann seinen Beruf normal ausüben.

Frühberentung

Vielen dauerhaft Schwerbeschädigten ist die Einrichtung der Frühberentung ein Segen. Allerdings wird damit zuweilen auch Missbrauch getrieben. Für manche Menschen ist die Frührente sogar eine psychosomatische Falle. Dies zumindest zeigen die hier folgenden Fälle.

Übrigens ist noch nie jemand in meine Praxis gekommen, weil er in der Frühberentung ein Problem erkannt hätte: Fast jeder genoss es, ein regelmäßiges Einkommen aus dem großen Geldtopf aller Versicherten zu erhalten. Stets war ich es, der darauf hinwies, dass es hier manchmal einen unbewussten, unheilvollen Pakt gibt, nämlich: »Ich bin verpflichtet, bis zu meinem Todestag schwer krank zu bleiben, denn sonst habe ich das fremde, regelmäßige Geld nicht verdient.«

Auf diese Weise jedenfalls reagiert das Unbewusste. Welche Lebensperspektiven bieten sich, wenn man einen solchen Pakt geschlossen hat? Soll eine tatsächlich mögliche Gesundung oder auch eine Teilgesundung künstlich unterdrückt werden, nur um die Rente zu behalten?

Selbstverständlich muss jeder Fall einzeln geprüft werden. In einigen Fällen wäre die beste Lösung der freiwillige Verzicht auf einen gewissen Betrag von der Rente, wenn man sich wieder so weit hergestellt fühlt, dass man zumindest einen Teil seines Lebensunterhalts selbst erarbeiten kann. Wie aber soll einem solchen Ratsuchenden geholfen werden, der mit Zwang jeglichen Gedanken an eine Gesundung aus finanziellen Erwägungen unterdrückt?

Einen nicht geringen Anteil an der Entstehung dieser Rentenfalle hat häufig auch das soziale oder berufliche Umfeld: Den Betreffenden wird im Gespräch mit viel Nachdruck immer wieder eine Frühberentung nahegelegt. So erging es beispielsweise Reinhilde, die von Anfang an den Eindruck hatte, dass eine Umschulung wesentlich besser für sie gewesen wäre.

Am dankbarsten sind für den Therapeuten jene Fälle, in denen man schon im Vorfeld eines möglichen vorzeitigen Ruhestands um Rat gefragt wird, so wie im Fall von Horst. Oft jedoch wird der psychotherapeutische Fortschritt verweigert, wenn man die Frage der Frührente kritisch anspricht, so wie es bei Felicitas der Fall ist.

»Ich wollte nie eine Frühpension«:
Reinhilde

Reinhilde ist Mitte fünfzig und von Beruf Lehrerin. Sie kommt, weil sie das undeutliche Gefühl hat, dass einige ihrer Probleme trotz jahrelanger Psychotherapie nicht gelöst sind. Aufgrund einer chronischen Angststörung war sie zwanzig Jahre zuvor in Frühpension gegangen. Ganz klar jedoch hatte sie damals wahrgenommen, dass sie eigentlich keine Pension, sondern eine Umschulung benötigt hätte.

Reinhilde: »Aber man hat mich damals einfach in diese Richtung gedrängt. Eine Frühpension sei das Beste für mich! Und ich Esel hab das dann mit mir machen lassen.«

In unserem weiteren Gespräch erzählt Reinhilde, dass es anschließend für sie kaum noch möglich war, aus dem so eingerichteten Leben auszubrechen. Mit der Frührente begann sie damals eine jahrelange anstrengende Psychoanalyse, so dass sie fast nie auf den Gedanken kam, etwas an ihren Lebensbedingungen zu ändern: »Die Psychoanalyse war damals wie ein Lebensersatz für mich gewesen«, sagt sie.

Auf meine Frage, seit wann die Angststörung bestehe, erzählt sie von einer Abtreibung. Außerdem berichtet sie von einer Zwillingsschwester, die bei ihrer Geburt verstarb.

Der Therapeut: »Mit der Hilfe und dem Segen dieser beiden wäre vielleicht noch sehr viel Positives in Ihrem Leben zu bewegen.«

Wir stellen mit Holzfiguren zunächst einmal die tote Zwillingsschwester und Reinhilde auf. Spontan entfährt es ihr: »Eigentlich hättest du überleben sollen, nicht ich. Mich braucht es nicht. Ich bin schuld an deinem Tod.«

Eine solche Dynamik findet man bei einem toten Zwillingsgeschwister sehr oft. Wie soll man beruflich und privat ein normales Leben führen können, wenn es einen so intensiv zu einem toten Geschwister zieht? Die Solidarisierung mit dem verstorbenen Zwilling ist in der Regel wesentlich schwerer aufzulösen als die meisten anderen familiären Verstrickungen, da ein Zwilling sich seelisch in besonderer Weise mit dem anderen verbunden fühlt.

Alle Versuche, eine lebensförderliche Form von Solidarität mit der Schwester herzustellen, scheitern jedoch in dieser Sitzung. Ich empfehle Reinhilde eine Seminarteilnahme, denn das Aufstellen in der Gruppe ist wesentlich intensiver als jenes mit Hilfsmitteln.

Reinhilde packt sich die Unterlagen zu einem Kurs ein, doch ich werde nie mehr etwas von ihr hören.

»Soll ich mich jetzt frühpensionieren lassen?«:
Horst

Horst ist gerade fünfzig geworden. Der Professor für Romanistik an einer Hochschule klagt in einem Seminar, in den letzten Jahren sei die Belastung für ihn immer größer geworden. Wegen eines »Burn-outs« sei er zwei Jahre zuvor in eine psychosomatische Klinik gegangen. Sein Vorgesetzter habe, wie er später erfuhr, einen Brief an die Klinik geschrieben, in dem er in ein sehr ungünstiges Licht gesetzt worden sei. Man wolle ihn loswerden. Das beste Mittel dazu ist die Frühpensionierung!

Horst: »So langsam können die mich alle mal. Vielleicht ist es tatsächlich am besten, ich gehe den Weg der Frühpensionierung, dann bin ich alle Probleme los.«

Seminarleiter: »Oder die Probleme fangen erst richtig an!«

Horst: »Wie darf ich denn das verstehen?«

Der Seminarleiter erklärt ihm und der Gruppe kurz, in welche Zwickmühle man durch einen frühen Ruhestand geraten kann.

Horst: »Ja, das hat mir mein Psychotherapeut, zu dem ich regelmäßig gehe, auch gesagt. Der spricht genauso.«

Der Seminarleiter: »Mir scheint, du bist bei ihm in guten Händen!«

Wir einigen uns darauf, vier Dinge beziehungsweise Personen aufzustellen: Verbleib an der Hochschule, Hochschulwechsel, Frühpensionierung und Horst.

Horst schaut sehr neugierig auf die Frühpensionierung und geht langsam auf sie zu.

Doch der Mann, der die Frühpensionierung darstellt, fängt an zu zittern und fällt plötzlich der Länge nach auf den Boden.

Der Seminarleiter zu Horst (auf dem Stuhl): »Der Granatapfel ist vergiftet ...«

Da die Frühpensionierung in keiner Weise ansprechbar ist, dreht sich Horst zu den beiden anderen Alternativen um. Der Hochschulverbleib lächelt ihn an. Horst lächelt zurück, während der Hochschulwechsel sich schrittweise zurückzieht.

Horst kommt nun in die eigene Rolle. Auch er lächelt den Hochschulverbleib an.

Der Seminarleiter zu Horst: »Sag ihm: ›Ich bleibe!‹«

Horst sagt es, während der Vertreter des Hochschulverbleibs zufrieden nickt.

Nachdem die Aufstellung beendet ist, sagt der Seminarleiter zur Gruppe und zu Horst: »Was ihr jetzt gesehen habt, war ein Beitrag zur Präventivmedizin. Natürlich gibt es hier noch einiges zum Hintergrund des Ganzen zu klären. Doch wichtig ist im Moment, dass Horst einen klaren Hinweis zur Entscheidungsfindung in der Gegenwart hat.«

In der Schlussrunde des Seminars meldet sich Horst noch einmal zu Wort: »Eigentlich war das ja jetzt alles ganz plausibel, aber ...«

Der Seminarleiter: »Achtung, jetzt kommt das Uneigentliche!«

Horst: »Die Bilder sind ja ganz klar, doch mir fehlt noch eine Winzigkeit.«

Der Seminarleiter: »In Ordnung. Schau mal bitte da hinten auf den gelben Punkt. Während du ihn ansiehst, wirst du zwei ganz unterschiedliche Sätze sagen. Der eine lautet: ›Ich lasse mich jetzt frühpensionieren.‹ Und der andere lautet: ›Ich arbeite auf meiner Stelle weiter.‹ Ganz wichtig dabei: Bitte schließ zwischen den beiden Sätzen die Augen, atme fünfmal aus und mach dich innerlich ganz leer. Dann wirst du offen für den zweiten Satz und bist unbeeinflusst.«

Horst fängt mit dem Satz »Ich lasse mich frühpensionieren« an. Dabei fällt auf, dass er zweimal ins Stottern gerät, obwohl er während des ganzen Seminars noch nie gestottert hat. Außerdem ist seine Stimme während dieses Satzes sehr schwach und dünn. Beim zweiten Satz hingegen ist die Stimme stark und klar, und er stottert auch nicht mehr.

Der Seminarleiter zu Horst: »Ich hoffe, du hast den Unterschied bemerkt.«

Horst (nickt und lächelt): »Das war nun ganz klar. Jetzt gibt es keinerlei Zweifel mehr für mich.«

Der Seminarleiter: »Bei dem ersten Satz hast du gestottert, weil er falsch ist und deine Seele dabei nicht mitspielt. Und was hinter dem Burn-out und den anderen seelischen Problemen steckt, das kannst du dir später in Ruhe anschauen, wenn du dich kräftig genug dafür fühlst.«

Horst nickt, während er tief ausatmet.

Die falsche Lebenseinstellung:
Felicitas

Felicitas ist Mitte dreißig und seit fünf Jahren frühberentet. Sie arbeitete als Sekretärin in einer großen Firma. Die Diagnose war »chronische Depression«. Sie kommt wegen Problemen mit ihren Eltern in meine Praxis.

Sie war schon immer die Vertraute ihres Vaters gewesen. Als sie ihm in einer Aufstellung mit Holzfiguren sagen soll: »Ich mische mich nicht in eure Ehe ein, denn ich bin nur euer Kind. Nur ihr könnt diese Probleme lösen«, weigert sie sich.

Felicitas: »Für mich ist das wie Hochverrat. Ich kann doch meinem Vater nicht in den Rücken fallen.«

Daraufhin brechen wir die Arbeit mit den Figuren ab und machen einige Übungen, in denen es darum geht, wieder ganz Kind zu werden. Naturgemäß fällt das Felicitas nicht leicht.

Nach unserer dritten Sitzung rate ich ihr, eine Aufstellung in der Gruppe durchzuführen.

Felicitas: »Warum sollte ich? Seit ich zu Ihnen komme, geht es mir schon um zwanzig Prozent besser.«

Der Therapeut: »Zwanzig Prozent sind sehr wenig. Wollen Sie wieder kraftvoll ins Leben zurück oder nicht?«

Daraus entspinnt sich ein Gespräch, in dem es auch um die Frühberentung geht. Ich erkläre ihr unmissverständlich, dass das Unbewusste es nicht zulässt, gleichzeitig fremdes Geld anzunehmen und wieder gesund zu werden. Felicitas muss in ihrer Lebenseinstellung eine grundsätzliche Entscheidung treffen: Ist sie im Fall einer Heilung oder einer wesentlichen Besserung bereit, ihre Rente oder einen Teil davon aufzugeben oder nicht? – Wir machen einen neuen Termin für die kommende Woche aus.

Fünf Tage später hörte ich ihre Stimme auf meinem Anrufbeantworter: »Ich bin so stark erkältet, dass ich den Termin bei Ihnen leider absagen muss. Wegen eines neuen Termins melde ich mich dann noch.«

Schon am Tonfall konnte man wahrnehmen, dass dies Felicitas' endgültiger Abschied von mir war. Nie mehr hat sie sich gemeldet. Vermutlich war die Angst um ihre Frührente einfach zu groß.

Das Spannungsfeld
Vorgesetzte–Untergebene

Ungelöste Probleme aus der Familie spiegeln sich oft in verblüffender Weise am Arbeitsplatz wider. Es scheint, als hätte ein unsichtbarer Regisseur die Rollen am Arbeitsplatz so besetzt, dass wir die besten seelischen Lernfortschritte machen.

Sehr oft kommt es beispielsweise vor, dass ungelöste Vaterprobleme auf Vorgesetzte übertragen werden, so, wie wir es in den Geschichten von Fritz und Erich erleben.

Bei Raimund hingegen geht es nicht um den Vorgesetzten, sondern um die allgemeine Stellung im Betrieb: Was macht man, wenn man von seinen Untergebenen und Mitarbeitern nicht ernst genommen wird?

Allerdings kommt es, wenn auch selten, vor, dass das Problem mit Kollegen oder Vorgesetzten gar nichts mit einem selbst zu tun hat, wie das Beispiel von Jürgen zeigt. Doch auch hier gilt es, eine neue innere Haltung zu finden.

Völlig belanglos wirken all diese Probleme, wenn man auf Nadines Arbeitssituation schaut. Vor solch eine schwere ethische Prüfung gestellt zu werden erleben zum Glück die wenigsten Menschen in ihrem Berufsleben. Nadine ist noch keine zwanzig Jahre alt und doch schon mit extrem Belastendem konfrontiert.

Wenn der Chef sich wie ein Vater verhalten soll:
Fritz

Fritz hat ein Problem mit seinem Vorgesetzten. Er erwartet Anerkennung von ihm; und wenn er diese nicht erhält, fühlt er sich sehr niedergeschlagen. Durch Beschäftigung mit sich selbst und mit psychologischen Fragestellungen kam er dahinter, dass ihm der Chef ein Vaterproblem spiegelt. Er projizierte auf ihn seinen Vater, den er nie gehabt hatte. Er erwartet von dem Vorgesetzten Lob und Anerkennung in einer Weise, wie sie ein Vater einem Kind gibt. Um dieses Problem zu lösen und auch um seinem Vater zu begegnen, kommt er in eine Aufstellungsgruppe.

Fritz' Vater hat sich auf einer Geschäftseise selbst umgebracht. Erst drei Jahrzehnte später erfuhr Fritz durch einen Zufall, dass der Vater durch Selbstmord aus dem Leben geschieden war und nicht durch einen Unfall, wie die Mutter stets behauptet hatte. Sie hatte sich vor der Öffentlichkeit und auch vor den Kindern geschämt, die Wahrheit zu berichten. Damals war Fritz drei Monate alt.

In der Aufstellung stellt Fritz seine Eltern so auf, dass sie sich gegenüberstehen. Seinen eigenen Stellvertreter führt er auf den Platz genau dazwischen: Fritz hat den Vater im Rücken und schaut die Mutter an. Diese »Sandwichstellung« ist für das

Kind sehr problematisch: Es dient hier als »Puffer« zwischen den Eltern und verhindert ihre Auseinandersetzung. Dem Stellvertreter von Fritz geht es auch entsprechend schlecht.

Als er sich seitwärts entfernt, können sich die Eltern zum ersten Mal direkt anschauen. Dem Vater geht es gut, während die Frau kaum wagt, dem Mann in die Augen zu schauen. Es ging ihr immer schlechter. Daraufhin werden die als Kind verstorbene Schwester der Mutter und Fritz' Großmutter mütterlicherseits dazugestellt. Die Mutter hatte ihre Mutter verloren, als sie elf Jahre alt gewesen war.

Als diese beiden Verwandten dazukommen, ist bei den Aufgestellten sofort eine Erleichterung spürbar. Die Mutter schaut sehnsuchtsvoll zu Schwester und Mutter. Sie blickt dann ihren Mann an und sagt: »Ich will mich umbringen, nicht du!«

Tatsächlich kann es in Paarbeziehungen dazu kommen, dass ein Partner sich für den anderen das Leben nimmt. Fritz' Schwester stellt sich daraufhin an die Seite des Vaters, wo sie sich wohl fühlt, während Fritz spontan zur Mutter geht. Fritz will seine Mutter retten, obwohl sie in keiner Weise zu beeinflussen ist.

Jetzt stellt sich Fritz an den Platz seines Stellvertreters. Er spürt die Liebe zur Mutter, er spürt aber ebenso, dass er zur Schwester und zum Vater gehen kann, was er dann schließlich auch tut. Gefördert wird diese Entscheidung von der Mutter, die erleichtert ist, nachdem ihr Sohn sie verlassen hat.

Als er vor dem Vater steht, kommt in Fritz all die Trauer hoch, weil er ihn ein ganzes Leben nicht gehabt hatte. Der Vater hält ihn und streichelt seinen Kopf, während Fritz weint und den Schmerz zulässt. Auch der Vater weint vor Rührung über den Schmerz seines Sohnes. Danach kann Fritz zum ersten Mal während der Aufstellung lächeln. Er strahlt übers ganze Gesicht und sagt ihm: »Endlich habe ich dich gefunden. Jetzt darf ich dein Sohn sein.«

Wer als Mann seinen Vater nehmen kann, auch wenn er schon gestorben ist, wird weniger dazu neigen, Väterliches bei einem Vorgesetzten zu suchen.

Diese Aufstellung fand zu einer Zeit statt, als ich alle Seminarteilnehmer nach ihrem wichtigen Märchen[11] aus der Kindheit fragte. Fritz' Märchen war »Hans im Glück«. Männer, die in meinen Gruppen »Hans im Glück« angaben, sind häufig »Vaterlose«. Meist ist der Vater früh verstorben oder er war anderweitig nicht verfügbar. Die intensive Nähe zur Mutter ist für die Männer ein Problem, das für Beruf und Partnerschaft schlimme Folgen haben kann.

Oft findet man bei diesem Märchen in der Familie wirtschaftliches Pech von Verwandten, mit dem sich Spätergeborene solidarisieren. Auch bei Fritz gibt es im Hintergrund eine solche Geschichte: Er hatte einen Onkel, einen Bruder seiner Mutter, der ein großes Vermögen verlor, weil er verliehenes Geld nicht zurückerhalten und außerdem noch durch die Inflation Schaden genommen hatte. Normalerweise kommt jene Person, die wirtschaftlich Schiffbruch erlitten hat, mit in die Aufstellung. Hier war jedoch deutlich zu spüren, dass Fritz nun alles hatte, was er brauchte. Ein zusätzliches Arbeiten mit dem Onkel hätte in diesem Fall keinen Nutzen gehabt. Diese Einschätzung wurde bestärkt, als Fritz nach der Aufstellung erzählte, dass er schon immer das Schicksal seines Onkels geachtet hatte.

»Der Chef wertet mich ab!«:
Erich

Erich arbeitet bei einer großen Investmentbank. Sein Chef, so meint er, ist ihm in keiner Weise wohlgesinnt. Die ganze Belegschaft habe er gegen ihn aufgehetzt. Es sei so schlimm geworden, dass er an Kündigung denke, bevor er vielleicht selbst gekündigt werde. Letztens habe er zu ihm gesagt: »Du bist ein Fremder hier, ein Außenseiter.« Dabei rätsele er, was ihn denn zum Ausgestoßenen mache.

Der Seminarleiter: »Bevor du weitererzählst, ist es bestimmt besser, wir stellen es auf!«

Erich wählt einen Stellvertreter für den Chef, einen, der die Mitarbeiter verkörpert, und jemanden für sich selbst. Im ersten Bild wird sichtbar, dass der Chef unzufrieden mit ihm ist: »Erich sieht mich gar nicht. Er schaut mich überhaupt nicht an.« In der Tat blickt Erich ängstlich am Chef vorbei.

Der Seminarleiter zu Erich: »Du guckst ihn an, als wäre er dein Vater, du wärst fünf Jahre alt und kämst mit einem schlechten Gewissen nach Hause, weil du was angestellt hast.«

Erich rümpft die Nase. Es wird nun sein Vater dazugestellt. Der Vater reagiert ähnlich wie der Chef: »Erich guckt mich gar nicht an, so, als sei ich Luft.«

Nun wird auch noch die Mutter dazugestellt. Sogleich kommt Bewegung in das systemische Feld. Mutter und Sohn strahlen sich an wie zwei Verliebte. Erich stellt sich neben sie. Dann lächeln sie sich verschwörerisch an und drehen den anderen den Rücken zu.

Der Seminarleiter zu Erich: »Es sieht ganz danach aus, als ob du für die Mutter einen früheren Partner vertrittst. Gab es da jemanden?«

Erich: »Meine Mutter hatte einen ersten Ehemann vor dem Vater, der im Krieg geblieben ist.«

Der Seminarleiter: »Der ist es, den wir hier suchen. Gibt es Kinder aus dieser Verbindung?«

Erich: »Nein.«

Nun wird auch noch der erste verstorbene Mann der Mutter aufgestellt. Sofort ist Erich überflüssig. Die Mutter fällt dem ersten Mann voller Liebe in die Arme.

Der Seminarleiter zu Erich: »Dein Vater hatte keine Chance gegen ihn.«

Der Vater nickt bestätigend.

Nach dem Hinweis des Leiters sagt die Mutter zu Erich: »Er ist nicht dein Vater, der dort drüben ist dein richtiger Vater. Du darfst ihn genauso liebhaben wie mich.«

Erich: »Als dieser fremde Mann kam, hat mich die Mutter gar nicht mehr so interessiert, mein Vater dafür umso mehr.«

An dieser Stelle kommt Erich an die eigene Position in die Aufstellung. Der Chef und der Mitarbeiter nicken und lächeln.

Der Chef: »Das wird noch was! Wenn er neben seinem Vater steht, kann ich ihn ernst nehmen, ansonsten nicht.«

Erich steht vor seinem Vater. Betroffen stammelt er: »Es tut mir so leid. Ich habe dich nie richtig gesehen.«

Der Vater streichelt ihm über den Kopf, während der Sohn den Kopf an seine Brust legt.

Der Seminarleiter: »Stell dir jetzt vor, du bist ungefähr fünf Jahre alt. Und du atmest den Vater nun in dein Herz!«

Anschließend bestätigen der Mitarbeiter und der Chef, dass sie nicht mehr das geringste Problem mit Erich haben.

Der Seminarleiter zu Erich (nach der Aufstellung): »Jetzt gehst du zurück an deinen Arbeitsplatz und tust so, als ob nichts gewesen wäre. Du fängst noch mal neu an. Wenn etwas merkwürdig für dich sein sollte, denk einfach an deinen Vater!«

Ein halbes Jahr später sehe ich Erich in einem anderen Kurs wieder. Er will seine Paarbeziehung aufstellen und berichtet vorher noch, was seitdem in der Firma passiert ist: »Ich kann es selbst kaum glauben, aber alles ist verändert, als ob das Frühere nur ein Spuk gewesen wäre. Der Chef ist plötzlich ganz freundlich geworden. Er hat nie mehr über mich gelästert. Und meine Stellung in der Firma festigt sich immer mehr ...«

»Man sieht mich nur als halbe Portion«:
Raimund

Raimund berichtet, er werde in seiner Firma und in seiner Abteilung nur als »halbe Portion« gesehen: »Die nehmen mich gar nicht ernst, obwohl ich doch der Leiter unseres Teams bin.« Raimund will herausfinden, woran das liegt.

Er nimmt drei weibliche und drei männliche Stellvertreter für wichtige Teammitglieder und einen Mann für sich. Wenn jemand in die Führungsrolle geht, sieht man in Aufstellungen oft, dass er meist einsam der Gruppe gegenübersteht. Wer mit Autorität führen will, braucht den Mut zur Einsamkeit. Wer sich mit allen verbrüdert, kann nämlich nicht mehr führen. In Raimunds Fall sieht man sogleich, dass er nicht als Führungspersönlichkeit auftritt: Er reiht sich zwischen die anderen Teammitglieder ein.

Nachdem sie gefragt worden sind, äußern diese: »Raimund ist ganz nett, aber leiten kann er nicht. Ich nehme ihn nicht ernst.«

Jemand anderes sagt: »Ich kann nur über ihn lachen.«

Während dieser Äußerungen fängt Raimund an zu zittern, so dass er sich auf den Boden gleiten lässt. Das ist jedoch nicht die Folge der Äußerungen über ihn, sondern es hat systemische Gründe. Auf Befragen nach schwerem Familienschicksal berichtet Raimund von einem männlichen und einem weiblichen Zwilling, die vor seiner Geburt verstorben sind.

Sie werden nun hinzugestellt. Sobald sie Raimund gegenüberstehen, beginnt er zu strahlen. Dann weint er und nimmt sie nacheinander in den Arm. Er wird nun ausgetauscht durch den richtigen Raimund, der ebenfalls gerührt seine Geschwister umarmt. Spontan sagt er ihnen: »Ihr fehlt mir.«

In solchen Fällen existiert meist eine »Überlebensschuld«: Der Gebliebene fühlt sich schuldig, weil er noch lebt und etwas aus sich machen kann und die anderen scheinbar nicht. Diese falsche Solidarität führt dazu, dass man seine Chancen freiwillig nicht nutzt. Deswegen bittet der Seminarleiter die Zwillinge, ihm zu sagen: »Du brauchst dich nicht schuldig zu fühlen, dass du noch lebst und etwas aus deinem Leben und deinem Beruf machst.«

Raimund weint. Er sagt den toten Geschwistern: »Euch zur Freude gehe ich in meine berufliche Kraft.«

Der Seminarleiter zu Raimund: »Ich gebe dir noch eine Hausaufgabe. Du suchst in den nächsten Wochen zwei ähnliche, schön aussehende Gegenstände. Sie stehen für die Zwillinge. Du legst sie für dich gut sichtbar auf deinen Schreibtisch. So erinnern dich diese Gegenstände jeden Tag bewusst und unbewusst an deine Geschwister und das, was du ihnen gerade gesagt hast.«

Raimunds Augen leuchten: »Ja, das werde ich tun.«

»Unsere Chefin nervt alle«:
Jürgen

Jürgen erzählt in einem Seminar von seiner Chefin in einer kleinen Büroartikelfirma. Sie verhält sich sehr verletzend. Es ist sogar so schlimm, dass ein Mitarbeiter deswegen bereits gekündigt und sich eine andere Stelle gesucht hat. Auch Jürgen stand schon oft davor, es ihm gleichzutun. Er fände das aber schade, denn ansonsten sagt ihm das ganze Arbeitsumfeld sehr zu, und auch mit den Kollegen versteht er sich bestens.

Auf die Frage, was ihn denn genau in ihrem Verhalten verletze, erzählt Jürgen: »Sie schaut einem gar nicht in die Augen, wenn sie mit einem spricht. Häufig hat man das Gefühl, sie meint jemand anderen, wenn sie einen anredet. Außerdem spricht sie extrem schnell und schnoddrig, man kann sie oft nicht richtig verstehen. Dazu macht sie einen grundlos fertig, obwohl jeder im Betrieb weiß, dass man seine Arbeit gut gemacht hat. Doch sie sieht das gar nicht und kann es nicht schätzen. Wenn ich an sie denke, sehe ich ihren scharfen, hypnotisierenden Blick, die stechenden, bösen Augen, die sich heraufziehenden Augenbrauen, und ich höre ihren patzigen, aggressiven Ton ... Sie kann einen mit den Augen fixieren, als wollte sie jemanden ans Kreuz nageln, und dazu die nervigen ›Warum?‹-Fragen!«

Der Seminarleiter: »Ich glaube, das reicht. Wir sind jetzt alle bestens auf deine Chefin eingestimmt. Ich denke, wir sollten sie selbst, einen Mann für die Kollegenschaft und jemanden für dich aufstellen.«

Jürgen wählt die drei Personen aus und stellt sie auf. Die Chefin nimmt die beiden Männer nicht wahr. Stattdessen greift sie sich plötzlich an die rechte Brust und seufzt. Dann geht sie langsam auf die Knie.

Die Chefin (stammelt): »Ich kann nicht mehr, ich will nicht mehr.«

Jürgen und die Kollegenschaft schauen sich betroffen an und blicken eher mitleidig auf die am Boden Kauernde.

Der Seminarleiter zu Jürgen: »Ist sie krank? Sie verhält sich, als ob sie schwer krank wäre!«

Jürgen: »Sie ist krebskrank. Die rechte Brust wurde amputiert. Ob sie medizinisch über den Berg ist, weiß niemand von uns; denn darüber redet sie natürlich nicht.«

Mittlerweile schaut die Chefin zu Jürgen und der Kollegenschaft. Spontan entfährt es ihr: »Es hat gar nichts mit euch zu tun. Mein schlimmes Verhalten gegenüber euch ist nur Verdrängung. Wütend bin ich auf etwas ganz anderes.«

Auch Jürgen reagiert betroffen. Nachdenklich nimmt er jetzt seine Position in der Aufstellung ein. Auf den Vorschlag des Seminarleiters macht er eine Verbeugung vor ihr als Vorgesetzte und sagt ihr dann: »Ich achte deine schwere Krankheit. Ich sehe dir nach, dass du momentan uns Mitarbeiter mit etwas anderem verwechselst.«

Die Chefin (lächelt und seufzt): »Danke! Bitte nehmt es nicht persönlich!«

Der Seminarleiter zu Jürgen: »Genau! Ihr dürft es nicht persönlich nehmen! Nach allem, was du jetzt erlebt hast, kannst du ab sofort völlig ruhig und gelassen mit ihr umgehen. Jetzt weißt du, dass es um etwas anderes geht.«

Jürgen nickt und fühlt sich erleichtert.

Einige Monate später erhalte ich eine Rückmeldung von Jürgen. Die Chefin ist zwar immer noch sehr verletzend zu allen, doch Jürgen gegenüber ist sie nicht mehr so aggressiv wie früher. Offensichtlich spürt sie unbewusst, dass er seine innere Haltung ihr gegenüber verändert hat.

»Unser Chef missbraucht die Behinderten«:
Nadine

Die junge Nadine ist »Azubi« in einem kleinen Heim für behinderte Kinder und Jugendliche. Neben ihr gibt es noch drei weitere Auszubildende, fünf festangestellte Mitarbeiter und einen Chef. Nadine fühlt sich bei ihrer Arbeit sehr unwohl, denn sie hat des Öfteren mitbekommen, wie menschenverachtend der Chef mit den Kindern umgeht. Insbesondere dann, wenn sie erlebt, dass Kinder geschlagen werden, hat sie nachts immer wieder Alpträume.

In jüngster Zeit nun gibt es mehrere Hinweise darauf, dass Behinderte von ebenjenem Chef sexuell missbraucht worden sind. Auch Monika, eine andere Azubi, hat Verdächtiges festgestellt und will den Heimleiter zusammen mit Nadine beim Vorstand melden. Stichhaltige Beweise liegen aber noch nicht auf der Hand. Nadine möchte in einem Seminar aufstellen, ob sie sich jetzt an den Vorstand der Einrichtung wenden soll, damit dieses unwürdige Treiben endlich öffentlich wird.

Der Seminarleiter: »Das ist eine extrem sensible Frage, die du da stellst. Jeder der hier Anwesenden wird dir wohl raten, dass du so schnell wie möglich die Sache anzeigen solltest – schon im Interesse der armen Kinder. Meine bisherigen Erfahrungen mit solchen Themen haben aber gezeigt, dass man dem, der in der Hierarchie ganz unten steht, oft nicht glaubt. Wenn es nichts Gerichtsverwertbares gibt, kann es passieren, dass du für deinen Mut, deinen selbstlosen Einsatz für die Kinder von allen Seiten auf brutale Weise fertiggemacht wirst – mit ernsthaften Folgen für deine berufliche Zukunft. Selbst die Kollegen, die dir jetzt Unterstützung zusagen, machen möglicherweise im Ernstfall einen Rückzieher, weil sie ihren Arbeitsplatz nicht verlieren wollen.«

Nadine (weint): »Darüber habe ich auch schon nachgedacht. Wenn es ernst wird, steht man dann plötzlich allein da ...«

Der Seminarleiter: »In ethischer Hinsicht ist das eine sehr schwierige Frage. Egal, wie du dich entscheidest, kann es ein Fehler sein. Wenn du zu früh aktiv wirst, kann möglicherweise alles wieder zugedeckt werden, und es bleibt dann auf Dauer so schlimm für die Kinder, wie es jetzt ist. Dann war dein ganzer Heldenmut umsonst.«

Nadine (schluchzt): »Was soll ich denn machen? Ich halte es nicht mehr aus.«

Der Seminarleiter: »Zunächst brauchst du innere Stärke für dich selbst. Schließ jetzt bitte die Augen und atme tief ein. Sag dir dann innerlich den Satz: ›Ich stimme dem Schicksal zu, das mich in eine solch schwere Arbeitssituation gebracht hat.‹«

Nadine macht es und wirkt danach wieder etwas gefestigter.

Es werden nun ein Mann und eine Frau für die Kinder und Jugendlichen ausgewählt, dazu eine Frau für Monika (Azubi), zwei Frauen für weitere Mitarbeiterinnen, ein Mann für den Chef und jemand für Nadine. Nachdem Nadine diese sieben Personen aufgestellt hat, wendet sich der Heimleiter von allen ab und geht ins Abseits, so dass er niemanden anzusehen braucht.

Der Seminarleiter zu Nadine: »Man sieht, dass der Heimleiter sich schuldig fühlt.«

Der Mann, der für die männlichen Kinder aufgestellt wurde,

ruft spontan aus: »Es wird rauskommen, alles wird rauskommen!«

Der Heimleiter nimmt die Hände vors Gesicht und sinkt zu Boden. Monika, die andere Azubi, stellt sich neben Nadine.

Es wird nun noch ein Mann für den Vorstand der sozialen Einrichtung dazugestellt. Er schaut auf Nadine und Monika und zuckt die Schultern: »Die zwei soll ich ernst nehmen? Ich warte jetzt erst mal ab ...« Auch die zwei anderen Mitarbeiterinnen scheinen wenig Interesse daran zu haben, etwas für die Kinder zu unternehmen. Sie schauen sich an und tun so, als ob sie das alles gar nichts anginge.

Monika: »Ich habe solche Angst hier. Mir schlottern gleich die Knie!«

Nadine: »Ich wollte, es wäre alles schon vorbei!«

Der Seminarleiter zu Nadine (die neben ihm sitzt): »Das ist genau so, wie ich es befürchtet habe. Irgendwie will keiner den lieben Frieden stören, und die Azubis gelten hier leider nichts.«

Die Aufstellung wird an dieser Stelle beendet.

Der Seminarleiter zu Nadine: »Es ist ganz klar, wie du dich verhalten musst. Du machst dir ab sofort jeden Tag, wenn du von der Arbeit wieder nach Hause kommst, Notizen über das, was alles passiert ist: Namen der betroffenen Kinder, Uhrzeiten, genaue Ortsangabe und alles, was konkret geschehen ist. Seelisch hältst du es jetzt aus, vorläufig noch nichts zu unternehmen, außer Informationen zu sammeln. Möglicherweise dauert es gar nicht mehr lange, bis die Bombe platzt, und dann kommst du mit allem Wissen an die Öffentlichkeit!«

Eine der Frauen, die eine Mitarbeiterin dargestellt hat, meldet sich zu Wort: »Ich hatte auch das Gefühl, dass sie im Moment

noch nichts unternehmen soll. Sie wird sich die Finger ver-
brennen.«

Der Mann, der die männlichen Kinder vertreten und gerufen
hatte: »Es wird alles rauskommen«, meldet sich ebenfalls zu
Wort: »Ich stimme der Mitarbeiterin zu. Im Moment ist es noch
zu früh. Ein klein wenig Zeit muss noch vergehen, aber dann ...
Es ist nur eine Frage der Zeit, und es dauert gar nicht mehr
lange.«

Jetzt sagt auch noch die Stellvertreterin der anderen Azubi,
Monika, etwas: »Meine Angst ist riesig. Wenn es wirklich ernst
wird, mache ich vermutlich einen Rückzieher. Dann ist Nadine
ganz auf sich allein gestellt, wenn sie zum Vorstand geht.«

Der Seminarleiter zu Nadine: »Dann machen dich alle fertig,
weil niemand auf das Schlimme schauen will. Du wirst stellvertretend für alle zum Sündenbock. Daher ist es wichtig, dass
du dich auch selbst schützt und nicht ein unnötiges Opfer
bringst. Gerade auch im Interesse der Kinder darfst du erst
dann aktiv werden, wenn eine reale Chance besteht, den Heimleiter zu überführen, und dich niemand mehr für verrückt erklären kann.«

Nadine (seufzt): »Danke! Ich habe jetzt zumindest ein ganz
klares inneres Bild, wie es weitergeht. Vielen Dank!«

Zweieinhalb Monate nach dieser Aufstellung hat einer der Eltern (eines der behinderten Kinder) den Heimleiter wegen se-
xuellen Missbrauchs angezeigt. Alle Angestellten deckten den
Heimleiter, doch Nadine übergab den Behörden die Protokolle,
wie ich es ihr aufgetragen hatte. Monika schwieg zunächst zu
allem. Schnell aber zeigte sich, dass die Beschuldigungen zu
Recht erhoben worden waren, und zögerlich haben dann nach
und nach auch andere Angestellte gegen den Heimleiter aus-

gesagt, der schließlich rechtskräftig verurteilt wurde, denn die Beweise waren erdrückend.

Wäre Nadine mit ihren Beobachtungen verfrüht an die Öffentlichkeit getreten, wie sie es vorgehabt hatte, dann wäre der Heimleiter vorgewarnt gewesen. Möglicherweise hätte er sich dann keine Blöße mehr gegeben, und vielleicht wären die unhaltbaren Zustände im Heim nie aufgedeckt worden. Die Angst der Angestellten vor Arbeitsplatzverlust und andere Nachteile, zum Beispiel schlechte Zeugnisse, vereiteln in derartigen Fällen sehr oft die Aufdeckung solcher Vergehen.

Mobbing

Mobbing kann viele Hintergründe haben. Oft besteht eine problematische Familienstruktur, die man im Berufsleben unbewusst erneut aufsucht.

Auch wenn man Mobbing keiner zentralen Dynamik unterordnen kann, so ist es wohl kein Zufall, dass ich Mobbing weniger in großen Firmen als vielmehr in sozialen Einrichtungen beobachte: Altenheime, Kindergärten, Sozialstationen und andere Institutionen, in denen soziale Arbeit geleistet wird. In nicht wenigen dieser Einrichtungen findet man bei verstärktem Mobbing einen Leiter, der sich nicht traut zu führen. Stattdessen werden viele Entscheidungen, vor allem unangenehme, immer wieder verschoben, oder sie werden auf scheinbar »demokratische« Weise zur Abstimmung an den Kollegenkreis zurückgegeben.

Da die Mitarbeiter wegen dieses Mangels an Führungskompetenz unbewusst (!) in Opposition zum Leiter gehen, bekommt stellvertretend für diesen jemand anders die berechtigte Wut der Kollegenschaft zu spüren: das Mobbingopfer. Häufig ist der Betreffende schon aus seiner Herkunftsfamilie gewöhnt, die Rolle des Opferlamms zu übernehmen. Gefährlich ist es übrigens auch, wenn ein Kollege für ein Opfer Partei ergreift: In der Regel blüht ihm dasselbe Schicksal wie dem, für den er sich eingesetzt hat.

Prädestiniert dazu sind Menschen, die als Kind zwischen ihren Eltern standen und vermitteln mussten. Für ein Kind ist es jedoch zu schwer, die Ehe der Eltern zu kitten. Wer aber schon von klein auf gelernt hat, den Ausgleich zwischen den Eltern herzustellen, der wird auch später im Leben stets in solche unangenehmen Situationen hineingezogen werden. Das Dasein als Mobbingopfer hört auf, wenn man lernt, die Konflikte bei seinen Eltern zu lassen.

Eine Krankenschwester, die oft gemobbt wurde, schlichtet noch als erwachsene Frau regelmäßig den Ehekrieg ihrer Eltern. Auf meinen Rat, sie solle ihnen vermitteln, dass sie ihre Probleme allein lösen sollen, reagierte sie mit völligem Unverständnis: »Das können die ja gar nicht. Ich muss ihnen doch helfen, wer soll es denn sonst tun?« Manch einem ist tatsächlich nicht zu helfen! Die Krankenschwester weigerte sich standhaft, ihren Eltern gegenüber ganz Kind zu werden und zu sagen: »Für mich ist das alles zu schwer, ihr seid die Großen, ich bin nur die Kleine.«

Beim Mobbing lohnt es sich sehr oft, darauf zu schauen, ob die angetroffene Arbeitssituation nicht eine typische familiäre Konfliktkonstellation widerspiegelt, wie wir es im Fall von Jasmin erleben. Manchmal aber wirkt Mobbing auch wie eine

Lupe, die auf einen eigenen Charaktermangel hinweist, so wie bei Lisa. Bei Nina geht es um ein Kriegsschicksal.

»Immer werde ich für dich kämpfen, Mama«: Jasmin

Jasmin ist ein weiteres Beispiel dafür, auf welch verblüffende Weise man zuweilen Familienmuster am Arbeitsplatz wiederfindet. Sie ist Sekretärin und gerät auf ihren Arbeitsstellen stets in die Situation, dass sie sich für eine jüngere Kollegin einsetzt, die tatsächlich oder vermeintlich benachteiligt wird. Verständlicherweise sind die Vorgesetzten von ihrem Engagement nicht begeistert. Zuweilen fühlt sich Jasmin zusammen mit der jüngeren Kollegin so stark ausgegrenzt, wie es beim Mobbing typisch ist.

Bei einer Aufstellung mit Holzfiguren werden die jüngere Kollegin, die feindliche Kollegin und sie selbst aufgestellt. Sehr schnell finden wir heraus, dass die jüngere Kollegin verblüffende Ähnlichkeiten mit ihrer Mutter und deren Lebenssituation aufweist: Stets war die Mutter von ihrer älteren Schwester, Jasmins Tante, benachteiligt worden, auch noch im Erwachsenenleben. Als Kind hat Jasmin diesen »Schwesternkrieg« oft hautnah miterlebt. Sie konnte es nicht verstehen, dass ihre Mutter so schlecht von ihrer Familie behandelt wurde.

Der kritische Punkt der Holzfigurenaufstellung wird erreicht, als ich Jasmin bitte, der jüngeren Kollegin in die Augen zu schauen und ihr zu sagen: »Liebe Mama, nie werde ich aufhören, für deine Rechte zu kämpfen. Sie sind alle so gemein zu dir!«

Jasmin bricht in Tränen aus. Es fällt ihr wie Schuppen von den Augen. Jetzt kann sie der jüngeren Kollegin sagen: »Es tut mir leid, dass ich dich mit meiner Mutter verwechselt habe! Du kannst auch gut für dich selbst sorgen!« Und der anderen Kollegin sagt sie: »Ich habe dich mit meiner Tante verwechselt. Es tut mir leid, dass ich mich eingemischt habe.«

Nach dieser Sitzung fühlt sich Jasmin seelisch erschöpft, aber dennoch fällt ihr ein Stein vom Herzen: »Dass ich da nicht von selbst draufgekommen bin ... Alles ist so einfach. Es genügt, wenn ich auf mich schaue.«

Die Bombe:
Nina

Nina ist in einer Computerfirma angestellt und fragt sich, warum sie immer wieder nach kurzer Zeit entlassen wird, obwohl sie gut arbeitet. Dabei spielt Mobbing eine zentrale Rolle, denn meist sind es Kollegen, die sie anschwärzen, so war es auch bei ihrem letzten Stellenverlust.

Schon dreimal wurde Nina nur zwei Wochen oder spätestens drei Monate nach Arbeitsbeginn entlassen. Momentan trifft es sie besonders hart, denn für den letzten Job hat sie erst jüngst einen Umzug in Kauf genommen. Die neue Wohnung ist noch nicht ganz eingerichtet, und schon kommt sie in finanzielle Schwierigkeiten, weil sie wieder arbeitslos ist.

Der Seminarleiter: »Wo in deiner Familie gibt es das Thema ›Verlust‹ oder ›beruflicher Verlust‹?«

Nina: »In der Tat geht es bei mir nicht nur um beruflichen Verlust. Mit Verlust und plötzlicher Auflösung bin ich immer wieder konfrontiert.«

Der Seminarleiter: »Und wo gibt es dieses Thema in der Familie?«

Nina: »Meine Mutter verlor ihre Eltern im Alter von fünf Jahren. Zwei Wochen nach dem Krieg fiel noch einmal eine Bombe auf das Haus meiner Großeltern. Meine Oma warf sich schützend über die Mama und rettete ihr damit das Leben. Sowohl der Opa als auch die Oma starben in den Trümmern. Nur die Mutter konnte lebend geborgen werden.«

Der Seminarleiter: »Gibt es auch auf der Seite des Vaters ein schlimmes Familientrauma?«

Nina erzählt, dass dieser seinen Vater früh verloren hat.

Es werden nun Stellvertreter für Nina und den beruflichen Verlust (ein Mann) ausgewählt. Kaum hat Nina die beiden aufgestellt, stürzt Ninas Stellvertreter mit einem extrem lauten Schrei auf den Boden und hält die Hände vors Gesicht.

Der Seminarleiter zu Nina (die auf einem Stuhl sitzt): »Weißt du, was das war?«

Nina schüttelt den Kopf.

Der Seminarleiter: »Das waren die Bombe und ihre Folgen für deine Mutter. Die Bombe bewirkte den Verlust beider Eltern an einem Tag, und in deinen Körperzellen ist dieses Trauma so gespeichert, als hättest du es selbst erlebt.«

Nina (nickt heftig): »Ja, genau so, wie meine Stellvertreterin fühle ich mich häufig. Ich könnte oft in Panik losschreien.«

Der Seminarleiter: »Das ist die körperliche Reaktion deiner Mutter, die du in dir hast.«

Nina: »Meine Mutter lebt, als ob sie tot wäre. Sie ist völlig von sich abgespalten. Ich will ihr oft helfen, aber es geht nicht.«

Der Seminarleiter: »Nein, das geht nicht. Es gehört zu ihrem Schicksal, du kannst es ihr nicht abnehmen.«

Der Seminarleiter wählt Stellvertreter für Ninas Eltern sowie die Eltern der Mutter und stellt sie dazu. Sie legen sich sogleich alle auf den Boden, nur Ninas Vater bleibt stehen. Nina kauert immer noch auf dem Boden und wagt es nicht, auf die Toten zu sehen. Sie ist überwältigt vom Schmerz.

Ninas Mutter traut sich nicht, ihre Eltern anzuschauen. Die Panik über den plötzlichen Verlust steht ihr ins Gesicht geschrieben. Ninas Großmutter krümmt sich auf dem Boden.

Der Seminarleiter zur Großmutter: »Atme den Schmerz aus. Öffne den Mund leicht und atme das Schwere aus.«

Sie folgt dieser Anleitung, bis es ihr sichtlich bessergeht. Jetzt ist sie in der Lage, ihre Tochter anzuschauen, und lächelt sie sogar an.

Ninas Mutter wirft sich ihrer Mutter weinend in die Arme. Lange können sie sich nicht lösen. Auch der Großvater hält seine Frau und seine Tochter auf dem Boden umklammert.

Nun kommt Nina in die eigene Rolle. Weinend schaut sie auf ihre Verwandten.

Die Großmutter sagt zur Enkelin und zur Mutter: »All das war nicht umsonst, ihr lebt beide! Und du [zur Enkelin] warst noch gar nicht auf der Welt damals.«

Nina weint noch heftiger.

Der Seminarleiter fordert Ninas Mutter auf, zur Großmutter zu sagen: »Ich nehme mein Leben zu dem Preis, den es dich gekostet hat und den es mich gekostet hat, und mache etwas daraus.«

Daraufhin strahlen die Großeltern. Ninas Mutter sagt nun zu Nina: »Es war nicht umsonst ... Im Leben gibt es nicht nur Verlust, sondern auch Freude.«

Die Großmutter blickt auf Nina und bestätigt es: »Das Leben besteht aus mehr als nur aus Verlusten.«

Der Seminarleiter zu Nina: »Diese Bombe, die jede Sekunde

den Tod bringen kann, hat dich dein ganzes Leben begleitet. Bildlich gesprochen, stehst du permanent unter Starkstrom. Wenn der Tod dauernd neben einem steht, folgt der Verlust – und nicht nur der berufliche ...«

Nina nickt.

Auf den Hinweis des Seminarleiters hin sagt Nina ihren Großeltern und der Mutter: »Euer Opfer soll nicht umsonst gewesen sein. Es darf auch schön sein im Leben.«

Der Stellvertreter des beruflichen Verlusts gibt zu erkennen, dass er aus der Rolle gehen will, denn alles Wichtige habe sich schon gezeigt. Er sei jetzt überflüssig. Dieser Stellvertreter setzt sich wieder hin.

Nun gesellt sich auch Ninas Vater zu der Gruppe der am Boden Hockenden. Er legt einen Arm auf Ninas Schultern und den anderen Arm um seine Frau, Ninas Mutter.

Der Seminarleiter zu Nina: »Bei deiner nächsten Stelle machst du es folgendermaßen: In deinem Herzen nimmst du deine Großeltern und deine Mutter mit. Du zeigst ihnen die neue Arbeit. Dann wirst du sie behalten! Mobbing wird dann nicht mehr dein Problem sein, denn es gibt keinen Grund mehr für dich, Kollegen unbewusst einzuladen, die ›berufliche Bombe‹ für dich zu spielen.«

Nina (mit strahlendem Gesichtsausdruck): »Ja, mach ich!«

»Überall, wo ich arbeite, werde ich kritisiert«:
Lisa

Lisa arbeitet seit ungefähr zehn Jahren als Pflegerin in Altenheimen. In einer Aufstellung mit Hilfsmitteln will sie dahinterkommen, warum sie spätestens nach drei Monaten an einem neuen Arbeitsplatz gemobbt wird. Das Muster ist stets ähnlich: Nachdem die Anfangszeit gut verlaufen ist, schält sich nach drei Monaten eine »Kritikerin« heraus, die nur Schlechtes an ihr findet. Entweder schlüpft eine Kollegin in diese Rolle oder aber die Vorgesetzte. Nachdem die Stimmung immer mehr gegen sie angeheizt wird, bleibt ihr zum Schluss nur die Kündigung.

Lisa (entnervt): »Ich mag nicht mehr – ich würde gern mal eine Weile an derselben Arbeitsstelle bleiben.«

Gefragt, welches Verhalten von ihr denn die Kritikerin aufbringt, sagt Lisa: »Ich nehme mir oft mehr Zeit bei den alten Leuten. Ich versuche, sie als Menschen zu behandeln, nicht als Vieh. Das nehmen mir Kolleginnen übel, die es nicht so machen. Außerdem bekommen sie ein schlechtes Gewissen, wenn sie mich arbeiten sehen.«

Wir stellen Lisa und die ewige Kritikerin mit Holzfiguren auf. Wenn man auf der Kritikerin steht, kann man spüren, dass sie ziemlich wütend auf Lisa ist. Lisa ist aber nicht bereit, das auf den Holzfiguren wahrzunehmen. Sie sagt, dass sie gar nichts empfindet. Da sie nicht fähig ist, sich richtig einzufühlen, arbeiten wir auch mit Phantasiereisen und anderen therapeutischen Methoden.

Dabei wird schnell deutlich, dass die Kritikerin Lisa vorwirft: »Du hältst dich für etwas Besseres. Und da du besser bist als wir anderen, erhebst du auch noch einen Machtanspruch. Du willst uns Vorschriften machen, du willst bestimmen, wo es hier bei uns langgeht, obwohl du doch ganz neu bei uns bist. Man könnte meinen, du bist die Leiterin. Außerdem siehst du nicht, dass wir ›Normalen‹ zuweilen die Zeche dafür zahlen müssen, wenn du deine Arbeit so toll und menschlich machst. Wir anderen müssen uns dann nämlich um die Patienten kümmern, die du nicht mehr versorgen konntest.«

An der gegenwärtigen Arbeitsstelle ist die »Kritikerin« ihre unmittelbare Vorgesetzte. Auch ihr gegenüber ist Lisa in einer anmaßenden Haltung. In einer Phantasiereise sieht sie sich, wie sie selbst das Heim leitet und alles viel besser macht als die jetzige Leiterin.

In einer Übung mit Holzfiguren verneigt sich Lisa vor der Vorgesetzten und erweist ihr die Achtung: »Ich bin nicht deine Rivalin. Ich achte, dass du führst, nicht ich.«

Was Lisas »Menschlichkeit« und ihre Aufopferung für die anderen angeht, soll hier die kurz darauf erfolgte Gruppenaufstellung ihrer Gegenwartsfamilie beleuchten. Sie blickte dabei auf ihre eigenen vier abgetriebenen Kinder, die von verschiedenen Vätern stammten. Lisas vier Kinder fühlten sich in keiner Weise von ihr gesehen. Eines sagte: »Sie ist völlig kalt und unmenschlich, sie schaut mich noch nicht einmal an. Dabei habe ich gar nichts gegen sie ...« Die anderen drei Kinder nickten dazu.

Noch einmal zum Thema »Mobbing«: Wer den Balken im eigenen Auge nicht sieht, den weist nicht selten der Kollege oder die Kollegin unsanft darauf hin! Und wer sich charakterlich und von der Arbeitsmoral her den Kollegen überlegen fühlt, den lassen sie meist tief fallen. Leider war Lisa nicht bereit, sich ihrem eigenen Anteil am Mobbing zu stellen. Selbstverständlich ist es viel bequemer, stets den anderen die Schuld zu geben.

Selbständigkeit
und damit verbundene Probleme

Probleme mit der eigenen Firma können die unterschiedlichsten Ursachen haben. Bei jeder der folgenden vier Geschichten von Bärbel, Angelika, Wolfgang und Axel ist die Problematik völlig anders gelagert.

»Muss ich das Geschäft aufgeben?«:
Bärbel

Bärbel kommt mit ihrem Ehemann Ulrich zur Beratung in meine Praxis. Sie ist Mitte fünfzig und hat sich vor drei Jahren ihren Lebenstraum erfüllt: Sie eröffnete einen Bioladen. Doch das Geschäft bewegte sich von Anfang an in den roten Zahlen. Da die Tendenz in jüngster Zeit noch weiter ins Minus rutschte, drängte Ulrich sie dazu, das Geschäft endlich aufzugeben.

Wenn Bärbel über ihren Lebenstraum spricht, strahlen ihre Augen! Sie befindet sich im inneren Einklang mit ihrer Arbeit! Bärbel ist von biologischen Lebensmitteln zutiefst überzeugt und sie sieht auf diesem Gebiet ihre Aufgabe.

Ulrich, von Beruf Steuerberater, sagt lautstark: »All das viele Geld habe ich investiert ... und das Resultat?«

Bärbels Gesichtsausdruck wandelt sich sofort. Man sieht ihr an, dass sie sich schuldig fühlt, das Geld ihres Mannes verschwendet zu haben.

Der Berater zu Ulrich: »Auch Frauen haben ein Recht, ihre beruflichen Träume zu verwirklichen, selbst wenn es finanziell nicht sofort ein Erfolg wird.«

Ulrich schaut skeptisch, Bärbel jedoch atmet hörbar durch. Sie erzählt, beide wollten nun mit einer Aufstellung herausfinden, ob das Ganze noch ökonomisch vertretbar sei.

Ulrich: »Das Geschäft ist nicht mehr zu retten!«

Der Berater: »Ich schlage vor, wir schauen es uns unvoreingenommen an. In der Tat muss man manchmal Umwege gehen, um seiner beruflichen Bestimmung zu folgen. Wenn etwas dauerhaft nicht rentabel ist, muss man es selbstverständlich aufgeben und neue Möglichkeiten suchen.«

Ulrich nickt zustimmend.

Bärbel (trocken): »Eigentlich geht es Ulrich um was ganz anderes. Er meint, ich solle doch schön zu Hause sitzen bleiben und das Leben genießen, statt zu arbeiten. Aber ich liebe den Bioladen.«

Und schon wieder leuchten Bärbels Augen, während Ulrich zu husten anfängt.

Ulrich: »Wenn sich etwas wirtschaftlich nicht trägt, muss man sich davon verabschieden!«

Der Berater erklärt kurz das Aufstellen mit Holzfiguren und Papierscheiben. Er nimmt eine Holzfigur als das Geschäft und eine grüne und eine rote Papierscheibe. Sie werden auf dem Boden im gleichschenkligen Dreieck angeordnet.

Der Berater: »Jeder von uns dreien geht nun nacheinander auf das Geschäft und spürt körperlich, ob es das Geschäft mehr zu ›Grün‹ oder mehr zu ›Rot‹ zieht. ›Rot‹ bedeutet, dass dieses Geschäft kaum noch zu retten ist und man sich davon bald lösen muss. ›Grün‹ bedeutet, dass dieses Geschäft auf keinen Fall vorschnell geschlossen werden soll, da sich die Dinge in Zukunft noch positiv entwickeln können. Damit wir uns gegenseitig nicht beeinflussen, schauen wir jeweils weg, wenn einer von uns aufstellt, und wir behalten das Ergebnis zunächst für uns, um die anderen nicht zu beeinflussen! Alles Suggestive soll ausgeschlossen werden.«

Bärbel und Ulrich nicken. Nacheinander gehen wir alle drei auf »das Geschäft«, um uns einzufühlen.

Dann sitzen wir wieder auf Stühlen, um uns auszutauschen. Bärbel berichtet, dass es sie ganz klar zu »Grün« gezogen hat. Ulrich hat es für sich genauso wahrgenommen!

Der Berater: »Ja, auch ich habe es so wahrgenommen! Möglicherweise kommt der Bioladen aus dem Minus doch noch heraus. Und für Sie [schaut zu Ulrich] ist es wichtig, dass Sie Ihre Frau gewähren lassen. Frauen nehmen sich in unserer Gesellschaft sehr oft zurück und können sich nicht verwirklichen. Ihre Frau hat es verdient, ihrer beruflichen Leidenschaft zu folgen. Wenn Sie dem zustimmen, wird Ihre Frau noch viel bessere Ideen entwickeln und sich nicht gehemmt fühlen. Und wer weiß, wie gut sich alles noch entwickelt!? Jedenfalls hat sie keine Lust, zu Hause vor Langeweile an die Decke zu gucken – das kann man doch verstehen?«

Ulrich nickt, und Bärbel strahlt wieder!

Durch »Zufall« bin ich nach ungefähr zwei Jahren auf der Durchfahrt mit dem Auto genau in Bärbels Wohnort gekommen und habe im dortigen Bioladen eingekauft. Unter vier Augen erzählte mir Bärbel strahlend: »Sie haben vollkommen recht gehabt. Schon kurz nach der Sitzung bei Ihnen ist der Umsatz gestiegen. Mittlerweile befindet sich das Geschäft nicht nur in den grünen Zahlen, sondern im letzten Jahr ist es noch einmal enorm nach oben gegangen. Es ist fast nicht zu glauben!«

Ich beglückwünschte Bärbel zu ihrem Erfolg und staunte nicht schlecht, mit wie viel Herz und Sinn fürs Dekorative sie ihren Bioladen eingerichtet hat.

Angelika führt seit vielen Jahren einen Kosmetiksalon. Doch seit längerem läuft es immer schlechter. Sie erzählt: »Ich habe mir schon überlegt, ob ich den Salon schließe und von meinem Ersparten lebe. Ich könnte aber auch einfach alle Angestellten auswechseln oder aber die Immobilie verkaufen und irgendwo neu anfangen.«

Angelika will diese drei Optionen gern aufstellen. Sie wählt jemanden für sich und jeweils eine Frau für jede der Möglichkeiten. Die drei Stellvertreter der Alternativen sind verunsichert. Noch mehr verunsichert ist jedoch Angelikas Stellvertreterin. Sie wendet sich von den dreien ab, so, als ob gar keine von ihnen für sie interessant ist.

Der Seminarleiter zu Angelika (die auf dem Stuhl sitzt): »Ist in deiner Familie etwas Schweres passiert?«

Angelika: »Ja, eine Schwester meiner Mutter wurde im Zweiten Weltkrieg von Tschechen vergewaltigt und dann ermordet.«

Der Seminarleiter sucht eine Stellvertreterin für die Tante und einen Mann für den Mörder und stellt sie dazu. Alle blicken auf die am Boden liegende Tante. Der Täter hat einen starren Blick und schaut am Opfer vorbei.

Der Seminarleiter zu Angelika: »Hast du manchmal Gewaltphantasien?«

Angelika: »O ja, des Öfteren!«

Der Seminarleiter: »Du hast jetzt die Gelegenheit, dich für immer von diesen zerstörerischen Phantasien zu verabschieden.«

Angelika kommt nun für ihre Stellvertreterin in die eigene

Rolle. Auf den Wink des Seminarleiters hin stellt sie sich vor den Täter.

Der Seminarleiter: »Stell dir vor, dass sowohl hinter deiner Tante als auch dem Täter das Schicksal der Welt steht. Beide wurden von ihm in Dienst genommen.[12] Und wenn du dich jetzt verbeugst, verbeugst du dich auch vor etwas viel Größerem.«

Angelika verbeugt sich vor dem Täter. Ihre Arme zittern.

Der Seminarleiter: »Atme alle Erregung und Gefühle durch den offenen Mund aus.«

Als sie es eine Weile getan hat, richtet sie den Oberkörper wieder auf und kann dem Täter sagen: »Ich achte, dass du vom Weltenschicksal in Dienst genommen wurdest.«

Dann kniet sie sich zu ihrer Tante und lächelt sie an. Auch die Tante lächelt.

Nachdem Angelika aufgestanden ist, geht sie zu den drei Möglichkeiten: »Also, die [zeigt mit dem Finger auf eine] kommt schon mal gar nicht in Frage.«

Sie zeigte auf die Stellvertreterin für »Angestellte austauschen«. Ebenfalls nicht in Frage kommt »Sich zur Ruhe setzen«. Während Angelika noch unsicher ist, ob »Haus verkaufen und neu anfangen« die beste der drei Möglichkeiten ist, bittet der Seminarleiter eine Frau aus der Gruppe, sich als Vierte dazuzustellen. Er sagt aber nicht, wofür sie steht.

Angelika (ohne zu wissen, wen die neue Stellvertreterin darstellt): »Es ist die vierte! Die ist am besten.«

Der Seminarleiter: »Die vierte Möglichkeit steht für ›Alles so belassen, wie es ist, und mit der Tante im Herzen weiterarbeiten‹.«

Angelika atmet tief durch.

»Ich bin lustlos während der Arbeit«:
Wolfgang

Wolfgang ist von Beruf selbständiger Werbegrafiker. Seit fünf Jahren arbeitet er aber eher lustlos in seinem Büro. In meiner Praxis will er den möglichen Ursachen dafür auf den Grund gehen. Er sagt: »Irgendwie will ich scheitern ... Ich will gar nicht erfolgreich sein.«

Der Therapeut: »Kommen zu wenig Aufträge und Kunden?«

Wolfgang: »Nein, nein, ich kann mich nicht beklagen. Ich habe genug zu tun. Das ist nicht das Problem. Ich fühle mich einfach während des Arbeitens nicht wohl, so, als würde ich mir immer selbst ein Bein stellen. Manchmal denke ich, dass ich es nicht gut genug mache.«

Der Therapeut: »Kamen denn schon Beschwerden, dass die Qualität der Arbeit nicht gut ist?«

Wolfgang: »Nein. Eigentlich nein.«

Der Therapeut: »Wollten Sie ursprünglich beruflich etwas ganz anderes machen? Hängt Ihr Herz an einer anderen Tätigkeit?«

Wolfgang: »Nein, ich glaube nicht, ich bin nicht ganz sicher. Manchmal nerven mich die Gespräche mit den Kunden ... oft muss ich ihnen in den Hintern kriechen und Sachen zustimmen, die ich einfach für unglücklich halte.«

Der Therapeut: »Das kommt in vielen Berufen vor. Darf man sich davon aber die Freude am Arbeiten verderben lassen?«

Der Therapeut nimmt zwei Steine in die Hand und legt sie auf den Boden: »Dieser Stein bedeutet, dass Sie im richtigen Beruf sind, der zweite bedeutet, dass Sie etwas anderes tun sollten. Dort, worauf man mit seinen Beinen stabil steht, dort geht der Weg hin.«

Nacheinander gehen der Therapeut und Wolfgang auf die zwei

Steine. Das Ergebnis ist eindeutig: Beide stehen stabil auf jenem Stein, der für den jetzigen Beruf steht.

Im weiteren Gespräch ergibt sich, dass Wolfgangs Vater ein sehr großes Vermögen in einem Kasino verspielt hat. In einer Aufstellung mit Holzfiguren zeigt sich, dass Wolfgang sich nicht über seinen Vater erheben möchte. Unbewusst sagt er sich selbst: »Wie kann ich erfolgreich sein, wo du doch alles verspielt hast?« Auf der Figur des Vaters ist jedoch deutlich wahrzunehmen, dass dieser mit einer solchen Haltung des Sohnes große Probleme hat. Beiden geht es aber gut, nachdem Wolfgang dem Vater gesagt hat: »Dir zum Andenken traue ich mich, Erfolg zu haben und Freude bei der Arbeit zu spüren. Dann war dein Verlust nicht umsonst. Meinen Erfolg widme ich dir!«

»Wer bestimmt in unserem kleinen Betrieb?«:
Axel

Axel ist zu einem Viertel Anteilseigner eines Unternehmens, das Lösungen im Büro- und PC-Bereich anbietet. Vor einigen Jahren hatte er sich mit drei Freunden zusammengetan und die Firma gegründet. Doch sie läuft nur mittelmäßig. »Man kann einigermaßen davon leben, mehr aber auch nicht«, sagt er missmutig.

Am meisten stört ihn, dass es immer mehr menschliche Konflikte zwischen den vier Freunden gibt. Persönliche Probleme Einzelner mit Alkohol oder Ehekrisen würden sich sofort negativ auf das Geschäft auswirken. Außerdem sagt Axel, dass er zu häufig die »Drecksarbeit« am Hals habe. Auf die Nachfrage, was er damit meine, erzählt er von all den Arbeiten im Betrieb, die die anderen nicht gern machen. Da er es am wenigsten aushalte, wenn solche Sachen liegen blieben, »opfere« er sich stets auf.

Der Therapeut: »Haben Sie schon die Verantwortung dafür übernommen, dass Sie die anderen zu wenig mit diesen Problemen konfrontieren?«

Axel: »Nein, habe ich nicht. Mir ist klar, dass das alles an mir liegt. Ich bin nicht der Durchsetzungsstärkste ... Aber unabhängig davon, habe ich schon seit längerem das Gefühl, dass ich am falschen Platz bin. Jetzt wäre der richtige Moment, grundsätzliche Weichen in meinem Leben neu zu stellen. Ich habe so viel Erfahrung und in den letzten Jahren so viele gute Kontakte geknüpft, dass es gar kein Problem für mich sein dürfte, wenn ich mein Viertel verkaufe und mich selbständig mache.«

Der Therapeut: »Wir stellen es einfach auf!«

In der Praxis sucht Axel Holzfiguren und Papierscheiben für »In der alten Firma bleiben«, »Sich woanders als Angestellter bewerben«, »Selbständig machen« und eine Figur für sich selbst.

In einer längeren Sitzung, in der es auch um die Stärkung seines Selbstbewusstseins geht, wird folgendes Ergebnis erarbeitet: Selbständigkeit hat die besten Zukunftsperspektiven, denn auf diesem Platzhalter fühlt man sich am wohlsten.

Recht bald nach der Sitzung hat Axel seine Anteile verkauft und ein neues Unternehmen gegründet. Unerwartet expandierte es sehr schnell. Er kam ein weiteres Mal in die Praxis, um einige Einzelheiten der neuen Abläufe in seiner privaten Firma zu besprechen. Innerhalb kurzer Zeit hatte er vier neue Mitarbeiter eingestellt. Die Firma expandierte weiter, und er ist sehr froh, dass er damals über seinen Schatten gesprungen ist. Auch zwei Jahre danach kann er mit der Entwicklung sehr zufrieden sein.

Auf meine Frage, was denn heute vor allem anders sei als früher, sagt Axel: »Früher gab es vier Chefs. Jeder redete jedem rein. Bei den unbequemen Angelegenheiten war natürlich keiner zuständig! Jetzt ist ganz klar, dass ich die Verantwortung trage, und ich weiß auch genau, wann ich was an wen delegieren muss.«

Hier zeigt sich ein prinzipielles Problem von kleinen Unternehmen, in denen die Führungsstruktur unklar ist. Das demokratische Prinzip mag in vielen Systemen gut funktionieren. Doch bei Firmen, die straffer Führung bedürfen, sind die Ergebnisse meist schlecht, wenn die Funktionen des Einzelnen nicht klar und deutlich festgelegt sind, so wie in Axels erster Firma.

Verwicklungen in Familienbetrieben

Das Eingebundensein in den Familienbetrieb und die scheinbare Verpflichtung, ihn fortzuführen, haben schon manches Berufsleben zerstört. In erster Linie jedoch ist jeder Mensch seinem eigenen Berufsschicksal verpflichtet und auch den eigenen Talenten und Fähigkeiten. Zum Erwachsenwerden gehört auch der Mut, gegen den Widerstand von Verwandten seiner eigenen Berufung zu folgen.

Manchmal liegen die Berufung und das eigene Interesse aber auch im Familienbetrieb. Doch selbst dann können Konflikte entstehen. Ist der eigene Chef gleichzeitig der Vater, bringt das häufig Probleme mit sich. Auch wenn Geschwister in der Firma mitarbeiten, entstehen oft Eifersucht und weiterreichende Konflikte. Von solchen Problemen erzählen die Aufstellungen von Ralf, Björn, Beat und Jörg. In Violettas Geschichte dagegen geht es um die Auseinandersetzung zwischen Ehemann, Stieftochter, Stiefmutter und die Frage, wer die Firma für den chronisch erkrankten Vater leiten soll.

Bei einer Heirat stellt sich oft die Frage, ob es sinnvoll ist, dass das Paar bei den Schwiegereltern einzieht und im Familienbetrieb mithilft. Hier hat sich mir in über fünfzehn Jahren Familien-Stellen regelmäßig ein ähnliches Bild gezeigt: Wenn der Mann bei den Eltern der Frau einzieht und im Betrieb des Schwiegervaters mitarbeitet, geht es fast zu hundert Prozent schief. Wenn umgekehrt die Frau bei ihren Schwiegereltern einzieht und mitarbeitet, mag zwar auch das scheitern, aber es kann ebenso auch gutgehen. Über die Ursachen dieser merkwürdigen Beobachtung habe ich lange nachgegrübelt.

Möglicherweise liegt die Erklärung in Folgendem: Frauen können ihre Identität und Selbstbestätigung in vielem finden – Mutterschaft, Beruf, sozialem Engagement und so weiter –, während Männer viel einseitiger auf den Beruf fixiert sind. Wenn nun ein Mann mit seinen eigenen Ideen in den schwiegerelterlichen Betrieb kommt, dann muss er lernen, sich unterzuordnen. Für ihn ist es schlimm, wenn seine Frau ständig Zeuge davon wird, dass sich ihr Vater durchsetzt und nicht der Ehemann. Männer können so etwas kaum wegstecken. Selbst wenn der Schwiegersohn von Anfang an nominell die Leitung des Betriebs übernimmt, können Schwiegerväter sich in der Regel nicht zurückhalten und mischen sich ein.

Der Fall von Hubert steht für viele ähnliche Geschichten, die ich erlebt habe. Beispielsweise erinnere ich mich an Frank, der in das länderübergreifende Firmenimperium seines Schwiegervaters eingestiegen ist, anstatt seine eigene Bankerkarriere fortzusetzen. Er hatte von Anfang an ein schlechtes Gefühl. Auch er musste es bitter bereuen! Heute redet in dieser Familie niemand mehr mit dem anderen. Hätte man Privates und Wirtschaftliches getrennt, wäre es möglicherweise auch zu einem Bruch gekommen, aber nie in einer solchen Schärfe. Wenn es um viel Geld geht, hört der Spaß bekanntlich auf.

»Mit meiner Mutter kann ich keine Firma leiten«: Ralf

Ralfs Vater war Elektroinstallateur und hatte mehrere Angestellte. Nach seinem Unfalltod ein Jahr zuvor erbten Ralf und seine Mutter die Firma und führen sie nun fort. Leider hat die Mutter völlig andere Vorstellungen von der Leitung des Unternehmens als Ralf. Er fragt sich, ob es nicht besser ist, sich selbständig zu machen und der Mutter den Betrieb des Vaters ganz zu überlassen.

Es werden die Mutter, Ralf und die Firma aufgestellt. Was sich zeigt, bestätigt Ralfs Schilderung: Die Firma steht zwischen Mutter und Sohn und fühlt sich orientierungslos: »Ich brauche eine klare Führung, nicht dieses Hickhack!«

Ohne etwas zu erklären, stellt der Seminarleiter einen weiteren Stellvertreter hinzu. Zwischen Ralf und ihm entsteht sofort eine spürbare Sympathie. Die Mutter zeigt einen verbissenen Gesichtsausdruck. Sie stellt sich näher an die Firma. »Ich lasse sie nicht los, ich geb sie nicht her«, sagt sie.

Der Seminarleiter lässt Ralf zu seiner Mutter sagen: »Beruflich brauche ich etwas, wo ich selbst für alles geradestehe. Entweder ich führe die Firma allein und zahle dich aus, oder ich mache etwas Eigenständiges.«

Die Mutter reagiert allergisch: »Nie werde ich die Firma abtreten.«

Der Seminarleiter stellt Ralf neben den neu hinzugekommenen Stellvertreter. Sie strahlen sich an. Ralf kommt nun in seine eigene Rolle. Auch er strahlt sogleich.

Der Seminarleiter zu Ralf: »Weißt du, wer das ist?«

Ralf: »Ich ahne es. Es ist ein neuer Job für mich.«

Der Seminarleiter: »Ja, er steht für eine mögliche selbstverantwortliche berufliche Tätigkeit außerhalb der Familienfirma. Mit der Mutter an deiner Seite wirst du beruflich nicht glücklich.«

Ralf (lacht): »Das dachte ich mir schon. Wenn ich jetzt was Eigenes mache, können wir vermutlich auch wieder normal miteinander umgehen, so wie in früheren Zeiten.«

Der Seminarleiter: »Ganz bestimmt!«

Seit zehn Jahren im elterlichen Betrieb:
Björn

Björn ist Mitte dreißig. Sein Problem ist dem von Ralf ähnlich. Er arbeitet seit über zehn Jahren im elterlichen Papierwarengeschäft. Früher haben die Eltern den Betrieb gemeinsam geleitet, doch nach dem Tod des Vaters vor sechs Jahren ist die Mutter alleinige Erbin und Inhaberin geworden. Unter ihrem Diktat zu arbeiten ist für Björn zunehmend unerträglich. Sie will ihn nun zwingen, den Betrieb ganz zu übernehmen, denn nur so sei eine drohende Insolvenz juristisch abzuwenden. Ist Björn ethisch verpflichtet, seine eigenen Hoffnungen für den elterlichen Betrieb aufzuopfern? Das Ganze wird auch nicht dadurch einfacher, dass die Mutter des Öfteren droht: »Ich bringe mich um, wenn du die Firma nicht übernimmst.« Auf Erpressungsversuche einzugehen ist meist schädlich für alle Beteiligten. Dies gilt auch gegenüber den Eltern!

Björn ist unsicher, was seine eigene Position betrifft. Er fühlt sich schon immer für alles verantwortlich. Mit Holzfiguren stellt er in der Praxis zwei Optionen auf: »Weiter in der elterlichen Firma bleiben« und »Einen eigenen Job finden«.

Sowohl der Therapeut als auch Björn haben dieselbe Wahrnehmung: Auf »Weiter in der elterlichen Firma bleiben« wird einem schwindlig, während man auf der Alternative ruhig und sicher steht.

Björn: »Das bestätigt meine Vermutungen. Aber man traut ja oft seiner eigenen Wahrnehmung nicht ... Allerdings wird das alles nicht einfach werden. Meine Mutter wird explodieren.«

Der Therapeut: »Bleib einfach ruhig und gelassen, und vor allem darfst du es nicht persönlich nehmen. Du hast ein Recht, auf deine eigenen Talente und Fähigkeiten zu schauen und etwas daraus zu machen.«

Björn: »Zu allem Unglück wohne ich mit Mama im selben Haus, wenn auch in einer eigenen Wohnung.«

Der Therapeut: »Vielleicht solltest du auch hinsichtlich der Wohnsituation einen Schnitt machen!«

Björn: »Darüber habe ich ebenfalls schon nachgedacht. Können wir das auch aufstellen?«

Hier zeigt sich dasselbe Ergebnis: Björn soll sich dem Eigenen zuwenden, auf allen Ebenen einen Neuanfang machen. Sowohl der Berater als auch Björn erleben, dass es ihnen auf dem elterlichen Haus übel wird, während es sich auf der neuen, eigenen Wohnung ausgeglichen anfühlt.

Björn sitzt anschließend nachdenklich auf seinem Stuhl. Mehrmals drückt er sich mit der Hand auf den Bauch.

Der Therapeut: »Was passiert gerade in deinem Bauch?«

Björn: »Die letzten Monate mit Mutter waren schlimm. Durch die Selbstmorddrohungen und die Schikanen in der Firma ging es mir immer schlechter. Jetzt fühlt es sich im Bauch an, als wolle da ein Überdruck raus.«

Der Therapeut: »Genau! Schließ einfach mal die Augen. Und jetzt atme die ganze Anspannung aus den letzten Monaten durch den leicht geöffneten Mund aus.«

Fast zehn Minuten macht Björn diese Übung. Anschließend wirkt er erleichtert.

Zwei Wochen später sehen wir uns wieder. Björn geht es deutlich besser. Er spürt innerlich, dass er endlich einmal mit gutem Gewissen auf sich selbst schauen darf: »Ich werde nun Schritt für Schritt umsetzen, was wir besprochen haben. Schon jetzt kann ich kaum noch nachvollziehen, dass ich ernsthaft darüber nachgedacht habe, diesen überschuldeten Betrieb zu übernehmen. Ich hätte mich ruiniert!«

Hier noch einige Hinweise, wie man reagieren soll, wenn Verwandte oder Partner mit Selbstmord drohen: Keinesfalls darf man inhaltlich auf derartige Erpressungen eingehen. Allerdings sollte man das Umfeld des Drohenden unbedingt über solche Ankündigungen informieren. Eventuell muss man auch mit dem Hausarzt und mit allen direkten Bezugspersonen des Betreffenden sprechen! Wer mit Selbstmord droht, zeigt ein psychisch abnormales Verhalten und benötigt professionelle Hilfe. Als Verwandter ist man in solchen Situationen oft überfordert. Schon um sich selbst abzusichern, darf man die Drohungen nicht einfach im Raum stehen lassen, sondern muss Vorsorge treffen.

Der Verkauf von Vaters Firma:
Beat und Jörg

Beat und Jörg sind Schweizer. Ihr verstorbener Vater vererbte der Mutter und ihnen beiden zu je einem Drittel ein Firmenimperium von drei miteinander zusammenhängenden Unternehmen im Bauhandwerk. Obwohl die drei viel Zeit und Kraft in die Leitung der Firmen investiert haben, geht es von Jahr zu Jahr immer mehr bergab. Nun sind die Brüder mit der Mutter übereingekommen, die Firmen zu verkaufen. Doch auch das gestaltet sich extrem schwierig. Es finden sich kaum Interessenten, und die Angebote sind mehr als mager.

Von einer Aufstellung erhoffen sich die Brüder ein tieferes Verständnis für die Hintergründe des Ganzen, um vielleicht die Firma schneller verkaufen zu können. Gegründet wurden die Betriebe von ihrem Großvater väterlicherseits, der sie an ihren Vater weitergegeben hat. Von besonderen Vorkommnissen in der Firmengeschichte wissen Jörg und Beat nichts zu berichten.

Beim Aufstellen werden die Einzelunternehmen durch Männer vertreten. Auch die Brüder, die Eltern und der Großvater werden aufgestellt. Schon nach zwei Sekunden sinkt der Stellvertreter von Firma eins aus Schwäche zu Boden.

Der Seminarleiter zu den Brüdern: »Was ist in Firma eins passiert?«

Beat: »Firma eins ist historisch die vom Großvater zuerst gegründete.«

Der Seminarleiter: »Das mag ja sein, aber hier geht es um etwas anderes!«

Die Brüder zucken die Schultern.

Inzwischen krümmt sich Firma eins mit Schmerzen auf dem Boden. Parallel dazu geht der Großvater auf die Knie und rutscht hinter den Vater, so dass er nicht mehr auf Firma eins schauen muss. Wie ein kleines Kind hält er sich dann sogar die Hand vor die Augen.

Der Seminarleiter (deutet auf den Stellvertreter der Firma eins): »Er ist in einer Doppelrolle! Er stellt einen Mann dar, der getötet wurde, auf welche Weise auch immer! Man sieht es ganz deutlich. Außerdem steckt der Großvater voller Scham und Schuld und verbirgt sich hinter dem Sohn. Euer Vater versucht, den Großvater vor den Folgen dieser Tötung zu schützen.«

Beat und Jörg schweigen betroffen.

Der Seminarleiter zu den Brüdern: »Sind in der Firma Menschen zu Tode gekommen?«

Beat: »Davon ist mir nichts bekannt. Allerdings wird über den Großvater erzählt, dass er eine Arbeiterin vergewaltigt hat.«

Einige der Stellvertreter schütteln sich betroffen.

Der Seminarleiter: »Meine Haare stellen sich am ganzen Körper auf!«

Die vergewaltigte Frau wird hinzugestellt. Sofort eilt sie auf Firma eins zu, die am Boden liegt, und legt sich daneben. Sie schauen sich voller Liebe und Verlangen an.

Der Großvater kniet immer noch hinter dem Vater. Er schaut jetzt hervor auf das Liebespaar und deutet auf Firma eins. Stammelnd sagt er: »Ich habe ihn getötet – aus Eifersucht!«

Damit Firma eins nicht weiter in einer Doppelrolle ist, wird nun der getötete Liebhaber der Vergewaltigten dazugenommen. Firma eins steht auf, und an ihre Stelle kommt der neue Stellvertreter. Die Frau schaut den Liebhaber genauso an wie vorher Firma eins.

Nun verbeugt sich spontan der Vater vor seinem Vater und sagt: »Bitte!«

Der Großvater robbt auf den Knien zu dem Ermordeten und berührt ihn schließlich an den Füßen. Der Tote schreit auf und zittert so schlimm, dass der Seminarleiter zu ihm sagt: »Diese Rolle überfordert dich. Setz dich wieder auf deinen Platz und geh gut aus der Rolle raus.«

Der Seminarleiter wählt einen anderen Teilnehmer aus der Gruppe aus: »Volker, du warst schon oft bei Seminaren dabei. Dir trau ich diese Rolle zu.«

Der neue Stellvertreter für den Ermordeten legt sich auf den Boden. Auch er zittert, aber nicht ganz so stark wie sein Vorgänger.

Der Seminarleiter: »In seinen Augen sieht man, dass er nicht weiß, ob er tot ist.«

Der Ermordete: »Ja, ich habe mich gerade gefragt, ob ich wirklich tot bin.«

Es wird ein toter männlicher Verwandter aus dem Stammbaum des Ermordeten hinzugenommen. Er kniet an seinem Kopf und sagt: »Du gehörst zu uns, zu den Toten deiner Familie. Wir kümmern uns um dich.«

Der Ermordete seufzt: »Jetzt geht es mir besser.«

Unterdessen hat der Großvater seinen Kopf auf die Schienbeine des Ermordeten gelegt und weint, während parallel dazu der Vater seine Arme ausgebreitet hat, um alle Familienmitglieder vor den Folgen dieses Mordes zu schützen.

Beat und Jörg kommen nun in ihre eigenen Rollen. Sie würdigen den Ermordeten und die vergewaltigte Frau. Die Mutter will mit allem nichts zu tun haben. Sie überlässt ihren Söhnen die Initiative.

Dann sagen die Brüder den drei Firmen, die nebeneinanderstehen: »Wir verkaufen euch nun alle drei. Es darf jetzt Frieden einkehren – für alle.«

Die Stellvertreter der drei Firmen nicken freundlich.

»Die Firma meines kranken Mannes nimmt mir die Luft weg«:
Violetta

Violettas Mann ist an Alzheimer erkrankt. Dadurch kann er seine große Firma nur noch bedingt führen.

Violetta wurde auf seinen Wunsch hin als Bevollmächtigte eingesetzt. Kompliziert wird alles dadurch, dass sie sich eigentlich scheiden lassen will und auch mit der Firma überfordert ist. Doch die Tochter ihres Mannes aus erster Ehe, ihre Stieftochter, würde bei einer Scheidung automatisch zum Vormund. So zumindest sehen es die argentinischen Gesetze vor, denn alle Beteiligten sind Argentinier. Auf gar keinen Fall will Jorge, der Ehemann, dass die Tochter sein Vormund wird. So stimmt er zwar der Trennung mit der Frau zu, aber keiner Scheidung.

Violetta weiß, dass ihre Stieftochter die Firma möglichst schnell übernehmen will. Sie wird mit dem Vater wenig sanft verfahren. Schon zu ihr sagt sie des Öfteren: »Es wird mir eine Freude sein, dich zu zerstören!«

Darf Violetta auf sich und ihre Zukunft schauen oder ist sie dem Mann und seinem Unternehmen verpflichtet, wie er es von ihr fordert? Violetta bekennt, dass sie nachts nicht mehr schlafen kann und nicht weiß, wie sie diesen ethischen Konflikt lösen soll.

Es werden Stellvertreter für die Firma, den Mann, die Stieftochter und Violetta aufgestellt. Bei Violetta zeigt sich sehr schnell Wut auf den Mann. Auf Nachfrage erzählt sie, dass ihr Mann ihr stets Kinder versprochen hatte, aber schließlich mit seiner Tochter doch »genug gehabt hat«. Sie fühlt sich von ihm um Kinder betrogen.

Jorge bestätigt, dass er seiner Frau kaum in die Augen schauen kann: »Ich fühle mich ihr gegenüber nicht gut. Ich habe sie ausgenutzt.«

Der Seminarleiter bittet Violetta in die eigene Rolle und führt mit ihr und Jorge ein Trennungsritual durch. Anschließend zeigt sich, dass die Firma von Violetta nichts erwartet. Sie schaut nur auf die Tochter: »Die Tochter ist die Richtige für mich.«

Nach Aufforderung des Seminarleiters sagt Violetta ihrem Mann: »Ich kann nicht weiter die Bevollmächtigte der Firma sein. Sie gehört dir und deiner Tochter! Ich ziehe mich jetzt von allem zurück.«

Die Beteiligten reagieren erleichtert, auch die Firma: »Wenn er zu krank ist, mich zu führen, muss die Verantwortung an die Tochter übergeben werden. Alles andere stimmt für mich nicht.«

Sechs Jahre später sehe ich Violetta wegen eines gesundheitlichen Themas wieder. Nach der damaligen Aufstellung hatte der Mann plötzlich doch noch der Scheidung zugestimmt. Violetta konnte sich von allem zurückziehen und war sehr erleichtert darüber. Außerdem hat sie sich in einen anderen Mann verliebt.

Sie sagt, schlimm sei nur, dass die Stieftochter sie mittlerweile verklagt habe, weil sie während ihrer Zeit der kommissarischen Firmenleitung angeblich Fehler gemacht hätte.

Die Geschichte von Violetta zeigt eindringlich, dass Familienunternehmen nicht von jedermann geleitet werden dürfen. Als zweite Ehefrau des Chefs hat man in der Vergangenheit normalerweise nichts zum Entstehen und zum Gelingen der Firma beigetragen und daher kein Recht auf deren Leitung. Dies gilt selbst dann, wenn der Inhaber dies von einem fordert.

Wie schon gesagt wurde, liegt ebenfalls kein Segen auf der Firma, wenn der Schwiegersohn die Leitung vom Schwiegervater übernimmt. In der Regel vertragen es die jungen Chefs nicht, wenn ihnen der Senior dauernd in ihre Entscheidungen hineinredet und sie letztlich nie tun können, was sie für richtig halten. Steigt dagegen eine Frau in die Firma ihres Schwiegervaters ein, liegen die Chancen auf eine gute Entwicklung in der Regel höher.

»Auf dem Bauernhof geht es
immer schlimmer und schlimmer!«:
Hubert

Seit zehn Jahren lebt und arbeitet Hubert mit seiner Frau Elisabeth auf dem Bauernhof seiner Schwiegereltern. Damals wollte keiner der drei Brüder Elisabeths den Hof übernehmen. Zum einen hatten sie alle andere Pläne, und zum anderen war die wirtschaftliche Perspektive des landwirtschaftlichen Unternehmens nicht gerade rosig.

Der Schwiegervater wollte immer, dass sein erstgeborener

Sohn Wilhelm die Arbeit fortführt, doch dieser verweigerte sich. Um überhaupt eine Weiterexistenz zu gewährleisten, bat er damals seine Tochter Elisabeth und ihren Mann Hubert, den Hof zu übernehmen. Er wurde ihnen zwar ganz überschrieben, doch sie mussten noch die Geschwister ausbezahlen.

Hubert erzählt in meiner Praxis, dass er von Anfang an ein flaues Gefühl im Magen gehabt hatte: »Ich war nur die zweitbeste Lösung. Es wurde von Jahr zu Jahr immer schlechter mit dem Alten. Ich kann ihm nie was recht machen, und angeblich suche ich nur meinen eigenen Vorteil. Dabei reiße ich mir den Hintern auf – jeden Tag. Zehn Jahre meines Lebens habe ich hier verloren. Ich bereue es bitter, dass ich nicht in meinem ursprünglichen Beruf als Maschinenschlosser geblieben bin. Alles habe ich nur meiner Frau zuliebe getan!«

In Huberts Worten mischen sich Wut auf sich selbst und Resignation, denn momentan geht es dem Hof schlechter denn je, und auch das menschliche Klima sei mit der Eiszeit vergleichbar.

Hubert fragt, ob man mit Hilfsmitteln den Schwiegervater, sich selbst und den Hof aufstellen könne. Für die Personen werden Holzfiguren und für den Hof eine Papierscheibe ausgewählt. Er stellt sie so auf, dass der Schwiegervater auf seinen Hof schaut und Hubert abseits von den beiden in eine andere Richtung blickt.

Auch der körperliche Eindruck auf den Holzfiguren bestätigt das äußere Bild: Hubert kann den Betrieb nicht wahrnehmen, und dieser wiederum hat keinerlei Bezug zum Schwiegersohn. Nur Elisabeths Vater ist dem Hof verbunden.

Mit einundvierzig Jahren ist es für Hubert vielleicht noch nicht zu spät, andere berufliche Pläne zu entwickeln. Jedenfalls wird es ihm, wie er sagt, »kotzübel«, wenn er sich direkt neben den

Betrieb stellt. »Ich kann einfach nicht mehr. Ich bin der Letzte, der diesen Hof hätte übernehmen dürfen – ich hätte es nie tun sollen!«, ruft Hubert spontan aus, als er auf seiner Holzfigur neben dem Bauernhof steht.

Wir nehmen eine Papierscheibe für eine eigene, selbstbestimmte berufliche Zukunft hinzu. Darauf fühlt Hubert sich wohl.

Hubert: »Alles andere als der Hof ist besser. Hier werde ich krank werden, wenn ich bleibe.«

Auch der Therapeut hat ähnliche körperliche Wahrnehmungen auf den Figuren und der Scheibe wie Hubert.

Wie also kann es nun weitergehen? Es gibt nur einen Weg: Hubert, Elisabeth und der Schwiegervater müssen sich zusammensetzen und offen miteinander reden, welche Möglichkeiten der Stilllegung des bäuerlichen Betriebs bestehen. Es ist nicht weiter vertretbar, dass der Schwiegersohn das Opferlamm für Elisabeths Familie spielt. Hubert muss lernen, an sein eigenes Leben zu denken.

In einer letzten Übung verbeugt sich Hubert vor seinem Schwiegervater und sagt ihm: »Ich achte dich als den Vater meiner Frau. Ich habe zehn Jahre lang mein Bestes für diesen Hof gegeben. Jetzt geht es nicht mehr. Mit dem, was ich hier gelernt habe, gehe ich nun in meine neue berufliche Zukunft.«

Hubert ist gerührt. Er spürt, dass sich seine Seele zehn Jahre an einen Ort gebunden hat und diese Zeit zu Ende geht. Gerade indem er alle Erfahrungen in der Arbeit als Landwirt achtet, kann es für seine Zukunft gut weitergehen. Hier ist es ähnlich wie in Paarbeziehungen: Nur wer seine früheren Partner im Herzen achtet, hat Glück mit der neuen Frau oder dem neuen Mann!

Nicht unerwähnt bleiben soll, dass die Impulse zur Klärung der Situation von Elisabeth kamen. Sie hatte sich für das Familien-Stellen interessiert und war wegen eines anderen Anliegens gemeinsam mit Hubert vorher schon einmal in meiner Praxis gewesen. Auch sie hatte den Eindruck gewonnen, dass jetzt ein neuer Weg eingeschlagen werden muss.

Sie sagte zu einem späteren Zeitpunkt: »Als mein Vater mich damals fragte, ob Hubert und ich das machen, wusste ich genau, dass das ein schwerer Fehler war. Aber ich konnte meinem Vater diese Bitte nicht abschlagen. Ich konnte ihm das nicht antun.«

Wer auch immer in einen ähnlichen Konflikt mit seinen Eltern gerät, sollte sich stets fragen: »Darf ich mir das selbst antun? Erwartet meine Seele von mir, dass ich ein solches Opfer bringe und lange unter den Folgen leiden werde?« In diesem Fall sollte sich auch der andere fragen: »Kann ich es verantworten, meinem Partner ein derartiges berufliches Opfer zuzumuten?«

Arbeitssucht und berufliche Besessenheit

Es gibt Menschen, die nichts kennen außer ihrem Beruf. Sie arbeiten von früh bis spät und können auch in der Freizeit nicht loslassen. Dies ist schlimm für alle sozialen Beziehungen, aber es wirkt auch problematisch auf den eigenen Körper und die eigene Psyche zurück.

Oft liegt die Ursache darin, dass man den Beruf als Ersatz für etwas anderes missbraucht. Beispielsweise arbeiten manche Männer, die als Single leben, bis zum Umfallen, damit sie das

Fehlen einer Partnerin nicht täglich schmerzhaft spüren. So können sie sich etwas vormachen: »Ich habe ja gar keine Zeit, eine Frau kennenzulernen.«

Arbeitssucht dient aber ebenso gut dazu, eine bestimmte Schuld nicht anschauen zu müssen, so, wie das bei Ricardos Vater der Fall war, der genauso arbeitssüchtig war wie sein Sohn. Familiensystemisch kann dann der Sohn das Verhalten des Vaters kopieren und zuweilen auch versuchen, ihm die Schuld abzunehmen.

Doch immer lohnt sich in Fällen von Arbeitswut auch die Frage, wie denn der Arbeitsstil der Eltern, insbesondere des Vaters, ist oder war. Das elterliche Vorbild prägt meiner Beobachtung nach sowohl Töchter wie auch Söhne in ihrem späteren Umgang mit dem Arbeitsrhythmus und der inneren Wertung des Berufs. Von diesen Hintergründen berichtet die kurze Geschichte von Roger, den ich nie persönlich kennengelernt habe.

»Das Berufliche lässt mich nie los«:
Ricardo

Ricardo leidet darunter, dass er ständig an seine Arbeit denkt. Er ist angestellter Architekt, und die beruflichen Themen verfolgen ihn leider auch, wenn er zu Hause ist. Statt sich am Wochenende zu entspannen, muss er über Hauskonstruktionen oder juristische Probleme nachdenken. Seine Frau und seine drei Kinder leiden darunter. Ricardo nervt es zusehends, dass es ihm nicht gelingt, gedanklich abzuschalten. Er gibt zu, dass er dieses Problem schon viele Jahre mit sich herumschleppt.

Der Seminarleiter schlägt vor, die berufliche Besessenheit (das »Symptom«) und sich selbst aufzustellen. Für Erstere wählt Ricardo einen Mann. Schnell zeigt sich, dass Ricardo sich vom Symptom verfolgt fühlt. Der Seminarleiter wählt einen Mann und eine Frau für die Eltern aus und stellt sie hinzu. Das Symptom kann nur den Vater anschauen.

Der Seminarleiter zu Ricardo (der auf dem Stuhl sitzt): »Wie meist in ähnlichen Fällen hat das Problem mit deinem Vater zu tun. Was hat er beruflich gemacht?«

Ricardo: »Er war Lehrer.«

Der Seminarleiter: »Und welche Einstellung hatte er zum Beruf?«

Ricardo kratzt sich an der Wange und grinst: »Er machte alles tausendprozentig!«

Der Seminarleiter: »Na, dann wissen wir ja, wo dein Problem herkommt!«

Er bittet Ricardo aufzustehen und winkt den Vater heran.

Ricardo sagt nun nach einer Aufforderung zu seinem Vater: »Ich achte, wie du gearbeitet hast. Ich darf es aber anders machen als du, auch für meine Familie, meine Kinder und mich. Ich mache auch Pausen.«

Der Vater grinst seinen Sohn an: »Schön und gut. Aber machst du es dann auch wirklich gut?« (Lautes Lachen in der Gruppe.)

Ricardo: »Ja, ich mache es gut. Ich achte deine Einstellung, die du zum Beruf hattest, aber ich darf es anders machen als du.«

Der Vater nickt: »Einverstanden!«

Der Vater macht wieder zwei Schritte zurück zum Aufstellungsgeschehen. Ricardos Stellvertreter fängt plötzlich an zu zittern und sinkt vor Schwäche auf den Boden.

Der Seminarleiter zu Ricardo: »Was wir gerade gemacht haben, war nur Teil eins der Lösung, der gewichtigere Teil wartet noch. Sag uns bitte, was deinen Vater belastet.«

Ricardo: »Mein Vater hat sich mit viel Glück vom Kriegsschauplatz in Stalingrad retten können. Er muss viel Schlimmes erlebt haben, doch er redete nie darüber.«

Der Seminarleiter wählt eine Frau und zwei Männer aus und bittet sie, sich vor dem Vater auf den Boden zu legen. Der Stellvertreter für das berufliche Symptom steht mittlerweile ganz eng neben dem Vater, doch dieser bekommt Angst, als er die drei Toten sieht. Er versteckt sich hinter dem Symptom und seiner Frau, damit er nicht hinschauen muss.

Der Seminarleiter zu Ricardo: »Dein Vater ist voll Scham und Schuld, er will nicht hinsehen. Deswegen stürzte er sich später in die Arbeit und wurde ein Tausendprozentiger.«

Ricardos Stellvertreter fühlt seit der Hereinnahme der drei Toten wieder Kraft und kann aufstehen.

Nun wird Ricardo in seine eigene Rolle gebeten. Er kniet bei der toten Frau und hält ihre Hand. Die Tote lächelt, und eine Träne zeigt sich.

»Was ist?«, fragt der Seminarleiter.

Die tote Frau: »Endlich sieht mich jemand, vorher hat mich niemand gesehen …«

Ricardo sieht sie voller Rührung an. Auf Vorschlag des Leiters sagt er: »Die Liebe zu euch dreien bewahre ich in meinem Herzen. Sie wird mich bei der Arbeit daran erinnern, worauf es im Leben ankommt, und sie wird mich gelassen machen.«

Die Tote lächelt wieder. »Das ist sehr gut«, entfährt es ihr spontan.

Ricardo schaut auch die beiden anderen Toten an und atmet die Liebe zu ihnen in sein Herz.

Der Seminarleiter: »Ich gebe dir jetzt eine Hausaufgabe. In den nächsten Wochen suchst du dir einen symbolischen Gegenstand, der dich an die drei Toten und deine Achtung ihnen gegenüber erinnert. Du stellst diesen Gegenstand direkt auf deinen Schreibtisch im Büro, so dass er dich täglich daran erinnert, wie wichtig es ist, Pausen zu machen und auch für die Familie da zu sein.«

Ricardo (nickt): »Das fühlt sich gut an.«

Die berufliche Besessenheit steht immer noch ganz eng beim Vater.

Der Seminarleiter zu Ricardo: »Die Schuld und die berufliche Besessenheit gehören dem Vater! Aber die liebende Erinnerung der Toten hilft dir, innerlich die richtige Einstellung zum Leben und zur Arbeit zu bekommen.«

Zwei Monate später erhielt ich eine E-Mail von Ricardo: »Hallo, Thomas, meine Aufstellung über das Problem mit der Arbeit hat sehr gefruchtet. Ab Juli werde ich eine neue Arbeit aufnehmen, auf die ich mich schon freue.«

Nachts werden Steuerakten geprüft:
Roger

Roger ist Steuerberater. Wie er mir am Telefon erzählte, arbeitet er nicht nur tagsüber wie ein Besessener, sondern er kann nachts oft nicht richtig schlafen: Er befürchtet, in irgendeiner Klientenangelegenheit einen Fehler gemacht zu haben. Dann schaltet er das Licht an und macht sich sofort Notizen, denen er am nächsten Tag nachgeht. Manchmal gibt es Fälle, die ihn nachts so beunruhigen, dass er sich anzieht und ins Steuerbüro in die Innenstadt fährt, um die Fakten zu klären.

»Ist so was normal?«, fragte Roger.

»Nein!«, antwortete ich trocken.

»Woher kommt so was?«, wollte Roger wissen.

Ich fragte ihn nur: »Wie war es denn bei Ihrem Vater?«

Roger berichtete, dass sein Vater Bürgermeister war. Dieser sei auch oft nachts aufgestanden und dann noch mit verschiedenen Angelegenheiten beschäftigt gewesen. Wenn es auf der Welt einen Menschen gebe, der Perfektionist ist, dann sei es der Vater.

»Ich verrate Ihnen ein großes Geheimnis«, sagte ich. »Sie dürfen es anders machen als er! Es genügt völlig, wenn Sie Ihre Arbeit gut machen. Und auch ein Fehler bringt niemanden um. Das gehört zum Menschsein und macht einen sogar sympathisch.«

Daraufhin vereinbarten wir einen Praxistermin für einen Vormittag drei Wochen später. Am nächsten Morgen jedoch war auf meinem Anrufbeantworter die Absage: »Mir ist leider etwas dazwischengekommen. Ich werde mich dann wieder bei Ihnen melden, um einen neuen Termin auszumachen.«

Natürlich hörte ich wie in den meisten Fällen solcher Ankündigungen nie mehr etwas von Roger. Offensichtlich wollte er sich nicht die Erlaubnis geben, es anders zu machen als sein Vater.

Liebe am Arbeitsplatz

Die Liebe am Arbeitsplatz scheitert oft. Dies gilt selbst dann, wenn es sich nicht um Seitensprünge und Flirts handelt, sondern um Liebe, die zu einer stabilen Beziehung führt. Wenn der Kollege zum Partner wird, wirkt sich dies nur in den seltensten Fällen positiv auf das Betriebsklima aus. Ist gar die Mitarbeiterin mit dem Abteilungsleiter oder Chef liiert, befindet sie sich im Handumdrehen »im Krieg« mit der übrigen Belegschaft. Psychisch hält man einer solchen Belastung kaum über einen längeren Zeitraum stand.

Wenn man tatsächlich den Partner fürs Leben am Arbeitsplatz findet, hat es sich gerade bei kleinen Firmen bewährt, wenn einer von beiden den Arbeitgeber bald wechselt. In der Regel wirkt das gut auf das Privat- und auch auf das Berufsleben.

Führt man mit seinem Partner eine eigene Firma oder kann man in dessen Unternehmen einsteigen wie Volkmar, ist es unverzichtbar, Berufs- und Partnerschaftsfragen zu trennen. Das ist aber leider viel leichter gesagt als getan. Nur wenige Paare schaffen es, zusammenzuarbeiten und dennoch glücklich zu bleiben. Joyce und Siegfried erging es nicht anders.

Spezielle Probleme tauchen auf, wenn die Paarbeziehung beendet wurde, aber die Firma weiterbesteht. Der bei vielen Paaren ausgebrochene Streit nach der Trennung wirkt sich dann sofort auf die Firma aus, so wie bei Melanie.

»Soll ich im Verlag meiner Freundin
noch tiefer einsteigen?«:
Volkmar

Volkmar arbeitet im Verlagsgewerbe. Da sein Unternehmen Konkurs anmelden musste, wurde er arbeitslos. Seine Freundin, die er durch seine beruflichen Kontakte kennengelernt hat, besitzt einen mittelgroßen Verlag. Durch diese glückliche

Fügung wurde er schnell einer ihrer Angestellten. So zumindest entnehme ich es Volkmars Bericht.

Der Therapeut stellt Volkmar die Frage, ob diese Fügung tatsächlich so glücklich sei, wenn man auch auf die Paarbeziehung schaut. Volkmar hat ähnliche Befürchtungen, und genau dies ließ ihn in meine Praxis kommen. Die Freundin habe ihm vorgeschlagen, er könne jetzt auch ihr geschäftlicher Teilhaber werden und immer tiefer in das Unternehmen einsteigen.

Volkmar: »Irgendwie ist es mir bei diesem Gedanken aber mulmig geworden. Ich weiß gar nicht, warum; denn schließlich ist das ja ein tolles Angebot.«

Volkmar will mit Holzfiguren und Papierscheiben die folgende Frage aufstellen: »Soll ich bei meiner Freundin noch tiefer beruflich einsteigen?« Er wählt eine Holzfigur für sich, eine rote Papierscheibe für »Nein, ich steige nicht ein« und eine grüne für »Ja, ich steige ein«.

Beide haben wir auf den Raumankern identische Wahrnehmungen. Auf dem Ja will man flüchten, wegrennen von allem. Auf dem Nein zieht es einen direkt zu Volkmar.

Volkmar ist verblüfft von alldem. Er kann das Ergebnis kaum glauben. Der Therapeut erläutert ihm, welche Gefahren ein zu starkes berufliches Angewiesensein auf die Partnerin für die Beziehungsebene der beiden bedeuten kann. Da wir noch etwas Zeit haben, fragt Volkmar, ob wir eine weitere Übung zu diesem Thema machen können.

In einer Phantasiereise erlebt Volkmar den »Ja-« und den »Nein-Weg«. Ersterer führt durch eine schöne Landschaft. Aber alles wirkt »seelenlos« und etwas energiearm. Beim Nein-Weg macht Volkmar die Erfahrung, dass er zu seinem Zuhause führt: Sein Hund begrüßt ihn freudig an der Tür, und er fühlt sich sofort wohl.

Als ich Volkmar frage, wie er diese Bilder für sich einschätzt, sagt er: »Ich gebe zu, dass der Ja-Weg etwas konstruiert erscheint, während der Nein-Weg Lebensfreude und Natürlichkeit vermittelt.«

Wie es mit Volkmar nach dieser Sitzung weitergegangen ist, weiß ich nicht. In der Regel gehe ich als Therapeut in den meisten Fällen auch nur auf die Frage ein, die jemand stellt. Volkmar stellte die Frage, ob er sich noch tiefer auf die berufliche Zusammenarbeit einlassen soll. Ob es überhaupt gut für ihn und die Beziehung ist, wenn beide in derselben Firma arbeiten, wird Volkmar an der zukünftigen Entwicklung festmachen können. Nach seiner Arbeitslosigkeit war es für ihn sicherlich ein Glücksfall, beruflich aufgefangen zu werden – aber vielleicht nur für eine Übergangszeit und nicht auf Dauer?

Die Praxisgemeinschaft mit dem Partner:
Joyce

Joyce ist von Beruf Kinderärztin. Viele Jahre lebte sie mit Siegfried zusammen. Auch er ist Kinderarzt. Joyce war immer sehr zufrieden mit der Partnerschaft, doch seit sie beide eine Praxisgemeinschaft gegründet haben, geriet die Beziehung in eine Abwärtsspirale.

Als Joyce in meine Praxis kommt, um einige gesundheitliche Fragen und psychosomatische Hintergründe zu besprechen, kommentiert sie ihr berufliches Experiment mit Siegfried so: »Das war der schwerste berufliche Fehler meines Lebens. Ich habe mich mit Siegfried wirklich gut verstanden. Aber unsere Berufsauffassung, unser Stil, eine Praxis zu führen, die Kriterien bei der Personaleinstellung – all das ist bei uns völlig verschieden. Mir war das vorher gar nicht bewusst, dass wir als Mann und Frau dermaßen unterschiedlich sind! Es wurde im Streit so viel Porzellan zerschlagen, dass am Ende nicht nur die private, sondern auch die berufliche Trennung vonnöten war. Das hat mich auch viel Geld gekostet. Wenn wir uns auf das Private beschränkt hätten, dann wären wir jetzt mit Sicherheit noch zusammen!«

»Wie geht es nach unserer Trennung mit der Firma weiter?«:
Melanie

Melanie ist seit vielen Jahren mit Michael zusammen gewesen. Jetzt sind sie getrennt. Normalerweise hätte sie mit ihm nicht mehr das Geringste zu tun, aber dummerweise gibt es da noch das vor längerem gegründete Internetgeschäft.

Auf meine Bitte, noch etwas mehr zum Hintergrund des Ganzen zu erzählen, berichtet Melanie, sie gehe schon immer in die Opferrolle. Im Lauf der Zeit habe sie Michael viel Geld geliehen, das sie nie zurückbekam.

Melanie: »Ich bin selbst schuld. Ich liebte ihn und hab ihm gesagt: ›Mein Geld steht dir offen. Bedien dich!‹ Da hat er nicht lange gezögert.«

Der Therapeut: »Sie haben ihn regelrecht eingeladen, dass er Sie ausnutzt. Haben Sie eigentlich je die Verantwortung dafür übernommen, dass Sie andere in die Täterrolle hineinzwängen? Darüber hinaus nehmen Sie Ihren Partner als Mann gar nicht ernst, wenn Sie ihn wie eine Mutter verwöhnen. Das ist keine Beziehung, die auf Augenhöhe gelebt wird.«

Melanie: »Das ist mir schon bewusst. Ich habe bereits einiges an Therapien hinter mir. Ich bin als Kind sexuell missbraucht worden. Ich will, dass es allen gutgeht, und ich schaue nie auf mich.«

Der Therapeut: »Ja, darum geht es: auf sich schauen!«

Melanie berichtet noch, dass sie ihre gesamte Altersvorsorge vor Jahren für Michael und das Unternehmen geopfert hat, während er fast gar nichts in die Firma einbrachte. Es ist ihr klar, dass es keinerlei Perspektive hat, auf geschäftlicher Ebene in Zukunft mit Michael weiterzuarbeiten. Das Ende der Partnerschaft bedeutet hier auch das Ende der gegenwärtigen beruflichen Verbindung.

Momentan will Melanie nicht die Hintergründe der ganzen Krise und ihre Verwicklung mit der Herkunftsfamilie aufarbeiten, sondern sie bittet nur um Hilfestellung in Hinblick auf die anstehenden beruflichen Schritte.

Melanie erarbeitet mit mir vier Optionen: sich voll im Geschäft engagieren wie bisher, passive Teilhaberschaft (bei der sie keine neuen Gelder einbezahlt, jedoch am Geschäft beteiligt bleibt), begrenztes Engagement (nur das Notwendigste tun, aber sich für das Geschäft einsetzen) oder zu retten, was zu retten ist: die schnellstmögliche berufliche Trennung von Michael.

Wir stellen die vier Möglichkeiten mit vier Papierscheiben und einer Holzfigur (für Melanie) auf. Beide haben wir ähnliche körperliche Wahrnehmungen auf diesen Raumankern: Auf den ersten drei Papierscheiben wird einem mehr oder wenig übel und schwindlig. Insbesondere auf der ersten. Stabil steht man nur auf der vierten Möglichkeit.

Da es um sehr viel investiertes Geld geht, rate ich ihr, einen Rechtsanwalt und einen Wirtschaftsprüfer mit einzubeziehen. Am Ende der Stunde entfährt Melanie ein tiefer Seufzer: »Nie mehr werde ich mit einem Mann etwas Berufliches aufbauen. Dass dann alles einstürzt, will ich nicht noch einmal erleben!«

Wenn eine Partnerschaft beendet wird, ist es vom seelischen Aspekt her am sinnvollsten, man zieht auf allen Ebenen einen Schlussstrich, auch auf der beruflichen. Melanie brauche ich das nicht weiter zu erklären. Sie hat es schon vor dieser Sitzung ebenfalls so wahrgenommen, doch ihrer Einschätzung noch nicht ganz vertraut.

Sonstiges

In den Geschichten dieses Kapitels mischt sich vieles von den vorangegangenen Themen, aber es kommt auch Neues dazu. Bei Yvonne beispielsweise stellt sich die Frage, ob sie ihr Glück in Australien oder Deutschland suchen soll. Darüber hinaus ist diese Entscheidung auch eine berufliche; denn ihr Mann arbeitet hier, und sie fragt sich, ob sie in seiner Firma mithelfen soll. Doch bei alldem hat Yvonne nicht auf das Schicksal geschaut, denn das persönliche Glück und Unglück sind immer auch mit schicksalhaften Dingen verbunden. Ebenfalls um die Ortswahl geht es bei Zoltan, der U-Bahn-Fahrer ist.

Wenn man im Leben unaufhörlich in eine Opferrolle gelangt, kann man nicht glücklich werden, weder beruflich noch privat. Wie grotesk jegliche Form von Lebens- und Berufsplanung durch das Schicksal über den Haufen geworfen werden kann, erleben wir in Silvans Geschichte. Auch wer verwahrlost, wie Konstantin, kann keinen beruflichen Erfolg haben.

In Virginias Aufstellung werden wir Zeuge, wie tief eine persönliche Schuld uns trennen kann von der eigenen Seele und auch vom beruflichen Erfolg.

Manchmal allerdings schiebt ein Klient auch ein berufliches Thema als Feigenblatt nach vorn, obwohl andere Fragen viel dringender wären. Ein Paradebeispiel für den Missbrauch des Berufsthemas ist Wladimir.

»Australien oder Deutschland?«:
Yvonne

Yvonne ist Australierin. Zusammen mit ihrem deutschen Mann Bernd, der gerade eine kleine Firma gegründet hat, ist sie zu einem Seminar gekommen. Yvonne fragt sich, ob sie ihren Mann bei der neuen beruflichen Herausforderung tatkräftig unterstützen soll oder ob es besser für beide wäre, nach Australien zu gehen. Yvonne zieht es schon seit einiger Zeit in ihre alte Heimat, die jedoch für ihren Mann unbekanntes Ausland ist.

Es werden Australien, Deutschland, Bernd und Yvonne aufgestellt. Die beiden Stellvertreter für die Länder ziehen sich schnell in den hintersten Winkel des Raums zurück.

Beide sagen, es gehe um etwas völlig anderes, die Länderfrage sei Nebensache. Dies wird auch dadurch bestätigt, dass Yvonnes Stellvertreterin völlig konfus wirkt und mit leeren Augen um sich schaut.

Der Seminarleiter zu Yvonne (die noch auf dem Stuhl sitzt): »Irgendetwas stimmt mit dir nicht. Ist etwas Besonderes passiert? Es sieht aus, als ob du dich vom Leben abgemeldet hättest.«

Yvonne beginnt zu weinen. Stockend berichtet sie, dass sie zwei Jahre zuvor bei der Geburt ihres Sohnes fast gestorben wäre. Auch der Sohn wäre durch diese dramatischen Umstände fast ums Leben gekommen.

Der Seminarleiter geht zu einem Mann aus der Gruppe und stellt ihn Yvonnes Stellvertreterin gegenüber. Yvonne verzieht das Gesicht voller Abscheu und wendet sich sehr schnell von ihm ab.

Der Seminarleiter zu Yvonne und Bernd: »Wisst ihr, in welche Rolle ich ihn hier hereingenommen habe?«

Beide schütteln den Kopf.

Der Seminarleiter: »Das ist das Schicksal. Ihr habt vergessen, dem Schicksal zu danken, dass am Ende alles gut ausgegangen ist! Ohne dem Schicksal zu danken, liegt kein Segen auf eurer Zukunft.«

Bernd beugt den Kopf vor und hält die Hände vors Gesicht. Er stammelt: »O ... nein.« Yvonne weint.

Der Seminarleiter wählt noch einen weiteren Mann für Bernds und Yvonnes Sohn aus und bittet das Ehepaar, in der Aufstellung die eigenen Positionen einzunehmen. Bernd und Yvonne nehmen den Sohn in die Mitte. Auf Vorschlag des Seminarleiters halten sie ihn an der Hand und verbeugen sich lange und tief vor dem Schicksal. Als sie sich wieder erheben, lächelt das Schicksal. »Endlich sehen sie mich«, entfährt es ihm. Nacheinander dankt jeder der drei dem Schicksal dafür, dass es gut ausgegangen ist. Bernd und Yvonne fallen sich weinend in die Arme.

Yvonne (stammelt): »Es war damals so schlimm.«

Der Seminarleiter zu Bernd (der ebenfalls feuchte Augen bekommt): »Sag deiner Frau: ›Es war schlimm, aber vergiss nicht, dass wir alle leben – dass es gut ausgegangen ist.‹«

Bernd sagt es ihr. Dann umarmen sie sich lange und innig.

Der Seminarleiter zu Yvonne (die sich wieder von Bernds Umarmung gelöst hat): »Jetzt kannst du ins Leben zurückkommen. Wir schauen nun einmal, wie es mit Australien und Deutschland aussieht und wo ihr beiden euer Glück finden könnt. Da ist nämlich gerade Bewegung entstanden.«

Deutschland hatte sich in den letzten Minuten langsam wieder aus der Isolierung herausbewegt. Es grinst Yvonne und Bernd an und verkündet: »Ich bin bereit!« Australien dagegen sagt: »Ich bin wichtig für Yvonne. Aber als Paar ist es momentan für sie in Deutschland besser.«

Der Seminarleiter zu Bernd: »Schau deiner Frau in die Augen und sag ihr: ›Ich achte, dass dir deine Heimat sehr fehlt und dass es dich viel Schmerz kostet, hier in Deutschland zu sein. Ich freue mich, mit dir oft nach Australien zu reisen.‹«

Yvonne weint und sagt: »Danke«, während sie sich umarmen.

Der Seminarleiter zu Bernd und Yvonne: »Ihr solltet ein kleines privates Fest mit eurem Sohn machen, wenn er drei bis vier Jahre alt ist. Da erklärt ihr ihm in kindgerechten Worten, was damals bei seiner Geburt alles passiert ist. Ihr müsst dabei einen glücklichen Eindruck machen! Und dann dankt ihr alle drei dem Schicksal dafür, dass ihr jetzt zusammen eine Familie seid und euch des Lebens freut. Macht ein kleines schönes Ritual. Vielleicht ein Kinderspiel. Lasst euch was einfallen. Es darf durchaus so etwas wie ein Geburtstagsfest sein – um genau so etwas geht es hier nämlich: um eine zweite Lebenschance, die bejaht werden will.«

Yvonne schluchzt auf, und Bernd nimmt sie noch einmal in den Arm.

Yvonne: »Ja, das machen wir. Wir werden es nicht vergessen!«

»Budapest oder Hamburg?«:
Zoltan

Zoltan ist gebürtiger Ungar und lebt seit vielen Jahren in Norddeutschland. Nachdem der U-Bahn-Fahrer eine Zeitlang arbeitslos war, hat er jetzt gleich zwei Zusagen bekommen: eine aus Hamburg und eine aus seiner Geburtsstadt Budapest.

Zoltan: »Budapest, das sind meine Eltern, meine Heimat, meine Wurzeln. Hamburg, das sind meine Freunde, das Leben, das ich mir in den letzten Jahren hier erfolgreich aufgebaut habe. Beide Stellen sind interessant, und ich weiß nicht, wo ich hinsoll.«

Zoltan wählt drei Stellvertreter: einen für sich, einen für »Nach Budapest« und einen für »Nach Hamburg«. Zoltans Stellvertreter geht auf Budapest zu und strahlt dabei. Budapest strahlt ihn ebenfalls an.

Der Seminarleiter: »Jetzt machen wir noch einen kleinen Test. [Er stellt Zoltan neben Hamburg. Zu Zoltan:] Wie geht es dir neben ihm? Genauso gut? Lass dir ruhig Zeit, es gut wahrzunehmen.«

Zoltan (schüttelt den Kopf): »Das fühlt sich lange nicht so gut an wie neben Budapest.«

Er kommt nun an seinen eigenen Platz in der Aufstellung und bestätigt, dass es ihm bei Budapest sehr gutgeht.

Der Seminarleiter: »Unmittelbar nach einem Aufstellungsseminar darf man keine wichtigen Lebensentscheidungen treffen. Du wartest jetzt erst noch ab, wie sich das alles in deinem Herzen anfühlt, und dann entscheidest du dich. Die Aufstellungsbilder arbeiten nämlich unbewusst weiter.«

Zoltan: »Mach ich!«

»Ich bin immer Opfer und bringe es zu nichts«:
Silvan

Was Silvan der Gruppe erzählt, klingt, als wäre es aus einem schlechten Film: Immer geht er in die Opferrolle. Mal wird er finanziell übers Ohr gehauen, mal sein Ruf ruiniert, seine Beförderung am Arbeitsplatz verhindert und Ähnliches mehr. Hier nur zwei unglaubliche Geschichten aus seinem Leben: Silvan wurde von der eigenen Schwester bei der Polizei angezeigt, weil er angeblich eine Bank überfallen hatte. Das veröffentlichte Phantombild wies gewisse Ähnlichkeiten mit Silvan auf, was sich die Schwester sogleich zunutze machte. Während er im Gefängnis saß, konnte sie notariell alle Erbschaftsangelegenheiten der Familie auf eine Weise regeln, die ihr zum Vorteil gereichte. Hinter Gittern waren Silvan die Hände gebunden; und als er unschuldig wieder entlassen wurde, gab es für ihn ein böses Erwachen.

Die Freilassung verdankte Silvan dem für ihn glücklichen Umstand, dass der wirkliche Räuber nach demselben Muster erneut auf eine benachbarte Bank einen Überfall verübt hatte. Als man ihn schnappte, wurde Silvan sofort auf freien Fuß gesetzt. Doch der Schaden war schon angerichtet: Die Schwester hatte alles zu Silvans Ungunsten geregelt, was erhebliche finanzielle Einbußen für ihn mit sich brachte.

Leider ist diese Geschichte kein Einzelfall. Einmal wurde ein Kind entführt. Der Täter war ein mit Silvan befreundeter Schreinermeister. Um Silvan eins auszuwischen, hat ihn irgendjemand völlig zu Unrecht bei der Polizei gemeldet, er habe für den Schreinermeister die Kinder versteckt ...

Silvan möchte noch mehr solcher Geschichten erzählen, doch die Gruppe stöhnt auf, und der Seminarleiter winkt ab.

Der Seminarleiter: »Du scheinst die Opferhaltung sehr verinnerlicht zu haben!«

Silvan strahlt übers ganze Gesicht und zuckt schelmisch die Schultern.

Der Seminarleiter: »Habt ihr dieses Lächeln gesehen? Er liebt die Opferrolle.«

Silvan wird gebeten, jemanden für sich und die Opferrolle auszusuchen und aufzustellen. Für die Opferrolle wählt Silvan einen Mann aus.

Im ersten Bild strahlen sich die beiden nur an. Sie mögen sich sehr ... Der Seminarleiter wählt aus der Gruppe einen Mann und eine Frau als Eltern aus und stellt sie hinzu. Die Mutter fängt an zu zittern und hält den Blick der Opferrolle nicht aus. Schließlich lässt sie sich auf den Boden gleiten.

Der Seminarleiter zu Silvan: »Kannst du mir etwas sagen über eine mögliche Opferrolle deiner Mutter?«

Silvan (bewegt): »Meine Mutter wurde noch jung von einem fremden Autofahrer angefahren. Sie wäre fast völlig verblutet, denn der Mann beging Fahrerflucht. Zum Glück fand sie dann doch noch jemand und brachte sie in eine Klinik.«

Der Seminarleiter: »Sind Folgen geblieben für deine Mutter?«

Silvan (bewegt): »O ja, viele. Sie hat extrem viele Narben. Außerdem leidet sie seit Jahrzehnten schwer an den körperlichen Folgen dieses Unfalls.«

Während Silvan dies erzählt, beginnt die Stellvertreterin der Mutter zu weinen.

Der Seminarleiter wählt einen Mann aus der Gruppe für den Autofahrer. Völlig ruhig strahlt der Autofahrer die Mutter an wie eine Geliebte und legt sich neben sie auf den Boden. Sie halten sich eng umschlungen. Beide weinen. Der Mann sagt spontan: »Innerlich war ich immer bei ihr, nur bei ihr.«

Silvan kommt nun in die eigene Rolle. Auf Geheiß des Seminarleiters sagt er zur Mutter: »Was dir passiert ist, ist zu schlimm! Deswegen will ich mein ganzes Leben lang Opfer sein. Ich darf es nicht besser haben als du!«

Während Silvan dies sagt, schüttelt die Mutter den Kopf. Silvan wird nun gebeten, sich vor dem Autofahrer und der Mutter zu verbeugen.

Zur Mutter sagt er: »Ich achte dein schweres Schicksal. Bitte segne mich, wenn ich im Angesicht deiner Leiden mich des Lebens freuen darf.« Die Mutter freut sich sehr über diese Worte und umarmt ihren Sohn.

Zum Autofahrer sagt Silvan: »Ich achte, dass du vom Schicksal in Dienst genommen wurdest.«

Gleichzeitig zu diesen Sätzen, die Silvan den beiden gesagt hat, zieht sich der Stellvertreter für die Opferhaltung Schritt für Schritt sehr weit zurück. Er gibt zu verstehen, dass er nun aus der Rolle gehen könne, denn er sei jetzt überflüssig.

Als Silvan sich bei ihm bedankt für das, was er ihm gezeigt hat, atmet er ganz tief durch, und seine Augen strahlen. Die Mutter lächelt ihn freundlich an.

»Warum bin ich so verwahrlost?«:
Konstantin

Konstantin beklagt sich darüber, dass er seit seiner Jugend den Hang zur Verwahrlosung hat. Er pflegt seine Sachen nicht und hasst Ordnung. Dementsprechend sieht es zu Hause aus, was die Ehe, das Familien- und natürlich auch das Berufsleben erschwert. Außerdem kann Konstantin es sich nicht erlauben, dass es ihm gutgeht: »Mir geht's nur gut, wenn es mir schlechtgeht – völlig verrückt.« Er schüttelt zu diesen Worten den Kopf.

Konstantin wählt Stellvertreter für sich und die Verwahrlosung (einen Mann). Dazu kommen noch die Eltern. Sofort reagiert der Vater auf den Fremden.

Der Seminarleiter zu Konstantin: »Was aus der Familiengeschichte deines Vaters hat mit dem Thema ›Verwahrlosung‹ zu tun?«

Konstantin: »Mein Vater war mit fünf Jahren Vollwaise. Erst verlor er die Mutter, die unter der Geburt eines Bruders verstarb. Auch der Bruder starb. Kurze Zeit später erkrankte der Vater des Vaters an einem Infekt tödlich. Mein Vater wuchs dann irgendwo in der Nachbarschaft auf.«

Der Seminarleiter: »Dein Großvater hielt es psychisch nicht mehr aus, nach diesem Schmerz weiterzuleben, und folgte all diesen Toten nach ...«

Konstantin nickt.

Unterdessen hat sich die Verwahrlosung neben den Vater gestellt. Der Vater schaut auf den Sohn und schüttelt verzweifelt den Kopf: »Es tut mir alles so leid für ihn. Er muss es allein schaffen.«

Konstantin kommt in die eigene Rolle.

Der Vater schaut seinem Sohn eindringlich in die Augen und sagt spontan: »Du schaffst das, hörst du? Lass all diese toten Verwandten bei mir. Sie gehören zu mir.«

Konstantin ist gerührt. Er fasst seinen Vater an den Händen.

Auf Vorschlag des Seminarleiters sagt er ihm: »Ich achte dein Schicksal der Verwaisung und Verwahrlosung. Dir zur Freude kümmere ich mich jetzt gut um mich. Ich bin dankbar, dass ich keine Waise bin.«

Der Vater (lacht ihn an): »Gut!«

Die Mutter steht unterdessen wartend hinter ihrem Sohn.

Der Seminarleiter: »Was ist bei dir?«

Die Mutter: »Ich warte auf ihn. Ich kann ihm einiges geben.«

Sobald sich Konstantin zu seiner Mutter umdreht, wird es eisig. So überrascht es nicht, dass Konstantin sein Herz ihr gegenüber nicht öffnen kann. Auf die Frage, ob es etwas zwischen ihnen gebe oder er ihr einen Vorwurf mache, schüttelt er den Kopf.

Nochmals kommt der Stellvertreter für Konstantin in die Rolle, während dieser sich wieder setzt. Sogleich strahlt der Stellvertreter die Mutter an. »Neben ihr geht es mir gut«, sagt er spontan.

Der Seminarleiter zu Konstantin (der auf dem Stuhl sitzt): »Wie du siehst, ist dein Stellvertreter schon in der Zukunft. Er zeigt dir die künftige Bewegung der Seele. Lass dir nach dem Seminar Zeit, dein Herz auch deiner Mutter gegenüber zu öffnen. Und spür nach, ob du noch etwas mit ihr zu klären hast ... [Nach einer Pause:] Man muss nicht alles im Seminar lösen. Aber die Richtung zu wissen ist wichtig.«

Konstantin: »Ist klar!«

Sechs Monate später gab mir Konstantin eine Rückmeldung per E-Mail: »Bei meiner Aufstellung vor einem halben Jahr war meine Verwahrlosung das Thema. Ich kann nun häufig besser für mich sorgen, achte oft, aber nicht immer, besser auf mich. Ich kann mir schon mal was gönnen. Insgesamt ist das trotzdem keine riesige Verbesserung, wie ich finde. Ich hätte das Thema ›Unordnung‹ gern besser im Griff, aber da gibt es noch Widerstände ... Wie immer hoffe ich auch hier, auf einem guten Weg zu sein ... Ich bin mir nicht sicher, ob ich mich wirklich ganz traue, meinem Vater seine Themen zu geben.«

Wenn es nach der Aufstellung nicht so gut weitergeht, wie man sich das erhofft hat, kann das verschiedene Ursachen haben. Zum Beispiel kann es sein, dass im Hintergrund noch andere traumatische Verletzungen mit demselben Thema verbunden sind. Manchmal lasten auf einem Problem auch mehrere familiensystemische Bürden; bei Krebserkrankungen ist das sogar meist die Regel!

Die häufigste Ursache für einen Stillstand nach der Aufstellung ist jedoch der Umstand, dass Leiden viel leichter als Lösen ist. Nicht selten passiert es, dass es nach der Aufstellung zunächst gut weitergeht, doch dann kommt ein Einbruch, weil man innerlich wieder aus der Lösung gegangen ist: Der Klient fühlt sich unbewusst im Angesicht schwerer Schicksale in der Familie schlecht, wenn er es sich »leistet«, das Leben gut zu bewältigen. Genau das klingt auch in Konstantins letztem Satz seiner E-Mail an, wobei seine Wortwahl auch zeigt, dass er seinem Vater gegenüber noch nicht richtig Kind geworden ist.

Oft hilft es, wenn man innerlich in die Demut vor den Eltern geht und noch einmal in die Lösungsbilder der Aufstellung eintaucht. Nun kann man den wichtigen Personen gegenüber die Lösungssätze wiederholen. Diesen Rat habe ich auch Konstantin gegeben.

»Ich habe Sterbehilfe geleistet«:
Virginia

Virginia kommt in ein Seminar, weil es in ihrem Leben nicht vorwärtsgeht. Ihrer Kosmetikfirma ist es in den letzten Jahren immer schlechter ergangen. Virginia berichtet eine Reihe von wirtschaftlichen Einzelheiten. Sie möchte jetzt ihre berufliche Situation aufstellen, doch der Seminarleiter fragt: »Wie geht es denn sonst in deinem Leben?«

Sie erzählt von ihrem acht Jahre zuvor verstorbenen Mann. Die zögerliche Art und Weise, in der sie es sagt, lässt den Leiter nachhaken. Daraufhin berichtet sie, der Mann sei an Krebs gestorben. Da seine Schmerzen unerträglich gewesen waren, hatte sie mit Hilfe einer Sterbehilfeorganisation eine Chemikalie besorgt, die sie ihm auf seinen Wunsch hin auf den Nachttisch stellte. Diese Chemikalie nahm der Mann ein und verkürzte somit sein schmerzvolles Lebensende.

Der Seminarleiter sagt: »Von den Dingen, die du erzählt hast, war hier die meiste Kraft zu spüren. Bist du einverstanden, wenn wir deinen Mann und dich aufstellen? Etwas Besseres für dein Berufsleben kannst du im Moment wirklich nicht tun!«

Virginia ist einverstanden und stellt zwei Personen auf. Nachdem sich die beiden anschauen, stellt der Seminarleiter einen Mann dazu, sagt aber nicht, wen er darstellt. Virginia kann jetzt nur noch diesen Mann anschauen. Sie wirken wie verliebt und lassen sich beide auf den Boden sinken. Sie hocken nebeneinander und strahlen sich an.

Der Seminarleiter wählt einen zweiten Mann aus und stellt ihn ebenfalls dazu. Dieser Mann beginnt sich am Kopf zu kratzen. Er blickt skeptisch auf den toten Ehemann und auch auf Virginia.

Der Seminarleiter zu diesem zweiten Mann: »Willst du etwas sagen?«

Der anonyme zweite Mann: »Ich fühle einen Vorwurf. Es ist, als ob ich sie beide anklagen muss. Ich weiß zwar nicht, was, aber hier ist etwas nicht in Ordnung!«

Der Seminarleiter wählt eine Frau aus der Gruppe und stellt sie direkt hinter Virginia. Nachdem sie sich in ihre Rolle eingefühlt hat, fragt er sie: »Wie geht es dir mit Virginia? Schau ihr in die Augen.«

Die anonyme Frau: »Virginia will nichts mit mir zu tun haben!«

Der Seminarleiter zu der richtigen Virginia: »Weißt du, wer diese Frau neben dir ist?«

Virginia zuckt die Schultern.

Der Seminarleiter: »Das ist deine Seele. Du bist abgespalten von deiner Seele. – Wie soll man seinen Beruf und anderes erfolgreich durchführen, wenn man seine Seele nicht hinter sich weiß und abgespalten ist?«

Virginia schaut betroffen drein. Ihrer Stellvertreterin macht das alles nichts aus. Sie strahlt weiter den anonymen Mann an.

Der Seminarleiter zu Virginia: »Weißt du, wer der Mann ist, den du da anstrahlst?«

Virginia: »Ich weiß nicht.«

Der Seminarleiter: »Das ist die Seele deines Mannes!«

Der Seminarleiter zum verstorbenen Ehemann: »Schau bitte mal dem anonymen (zweiten) Mann in die Augen, der dich so vorwurfsvoll anblickt. Was für ein Gefühl kommt in dir hoch?«

Der Tote: »Ich kriege Angst vor ihm. Ich will ihn gar nicht anschauen!«

Der Seminarleiter sagt zu Virginia (die auf dem Stuhl sitzt): »Der Mann, der so kritisch auf dich und den Toten schaut, ist die chemische Substanz, die du für deinen Mann gekauft hast.«

Virginia stützt das Gesicht in die Hände und blickt sehr traurig, während ihre Stellvertreterin immer noch verliebt auf die Seele des Toten schaut.

Der Seminarleiter zur Seele von Virginia: »Sag Virginia mal: ›Dieser Mann ist nicht deine Seele, ich bin deine Seele, nur ich. Der Kauf dieses Tötungsmittels hat dich von mir getrennt.‹«

Die Seele spricht all dies aus, worauf Virginia ihre Seele anblickt und »Ja« sagt.

Der Tote: »... aber mir geht es gut!«

Der Seminarleiter zu Virginia: »Sag deinem verstorbenen Mann: ›Ich habe es aus Liebe getan. Deine Schmerzen waren so schlimm, und du wolltest es!‹«

Virginia wendet sich der Seele des Mannes zu statt seiner toten Person und will es sagen. Da mittlerweile der Tote neben seiner Seele kniet, scheint unverständlich, warum Virginia die beiden immer noch verwechselt.

Der Seminarleiter: »Nein, nein. Du verwechselst sie immer noch: deinen Mann und seine Seele – unglaublich! Da du mit dem Kauf der chemischen Substanz seinen Tod sehr beschleunigt hast, fühlst du dich jetzt verantwortlich, ihm in seiner Nachtoderfahrung beizustehen. Niemand weiß nämlich genau, wie dein Mann den Prozess nach dem Tod erlebt hätte, wenn er auf natürliche Weise eingetreten wäre. Da du es nicht weißt, fühlst du dich jetzt schuldig und versuchst, ihm zu helfen, dass er mit seinem Sterbeprozess ins Reine kommt. Normalerweise ist aus seelischer Sicht der natürliche Tod der beste, weil er naturgemäß ist. Bei dem Ganzen ist es bei dir zu einer Trennung von der eigenen Seele gekommen. Das ist ein möglicher Preis, den man für so etwas zahlt – ganz zu schweigen von jener Art Sterbehilfe, bei der man selbst die Todesspritze abdrückt.«

Erst jetzt kann Virginia die vorgeschlagenen Sätze zu dem Richtigen sagen, nämlich zu dem toten Ehemann.

Der Tote bestätigt: »Ja, du hast es aus Liebe getan. Es war ein Fehler. Wir wussten es beide nicht!«

Nun kann Virginia endlich aufstehen. Sie schüttelt sich leicht. Es sieht aus, als ob sie sich von etwas befreit. Virginia kommt jetzt in die eigene Rolle, während sich ihre Stellvertreterin setzt. Ihre Seele sagt zu Virginia: »Der Kauf dieses Mittels war ein Fehler.«

Virginia nickt.

Die Seele berührt Virginia, sie drehen sich um und wenden sich vom Toten und seiner Seele ab. Sie lächeln sich an.

Auf die Vorgabe des Leiters sagt Virginia ihrer Seele: »Wir waren getrennt, doch wir gehören zusammen. Ich brauche dich.«

Spontan umarmen sich die beiden lange. Der Tote ist jetzt ebenfalls mit seiner Seele im Einklang. Auch diese beiden schauen in eine andere Richtung und halten sich an den Händen.

Sowohl der Tote als auch die Lebende können nun ihre seelische Entwicklung fortsetzen, die durch die Sterbehilfe massiv unterbunden war. Erst jetzt kann Virginia sich kraftvoll dem Beruf widmen.[13]

»Siemens-Manager oder Geistheiler?«:
Wladimir

Wladimir hat einen gutbezahlten Posten in der Elektro-Entwicklung bei Siemens.[14] Er kommt in meine Praxis, weil ihn viele persönliche Probleme plagen: beginnendes Rheuma, eine gescheiterte Ehe sowie ein »Krieg« um die Kinder. Darüber hinaus gibt es auch noch Schwierigkeiten mit seinen Eltern.

Ich erkläre Wladimir, dass man nicht alles auf einmal lösen muss. In der Regel erwartet die Seele, dass man den festen Willen hat, sich den Familienproblemen auch zu stellen. Es hat sich dabei bewährt, auf die Krisen der Gegenwart zu schauen.

Sicherheitshalber stellen wir mit Holzfiguren und Papierscheiben auf, was momentan bei einer Gruppenaufstellung Vorrang hat. Es zeigt sich, dass Wladimir sich zuerst den Eheproblemen stellen muss. Nicht lange nach dieser Sitzung erhalte ich von ihm Post: Er hat sich für eins der nächsten Seminare angemeldet.

Während des Seminars zeigt sich an Wladimirs Körpersprache, dass er sich zutiefst unsicher fühlt. Schnell merkt er, auf welch tiefer seelischer Ebene hier gearbeitet wird. Dass er damit nicht gerechnet hat, lässt er die Gruppe durch seine ständigen unpassenden Bemerkungen und Witzchen spüren.

Als Wladimir gegen Ende des Seminars endlich an die Reihe kommt, rutscht er unruhig auf dem Stuhl hin und her. Am liebsten würde er jetzt wohl weglaufen.

Der Seminarleiter: »Worum geht es bei dir?«

Wladimir (hustet vor sich hin und kratzt sich am Kopf): »Keine Ahnung – tja, was könnte ich denn aufstellen?«

Der Seminarleiter: »Zum Beispiel könntest du aufstellen, was wir beide unter vier Augen schon besprochen haben!«

Wladimir: »Ach ja. Ich glaube, wir sollten meinen Posten bei Siemens und meine Tätigkeit als Geistheiler aufstellen. Irgendwie fühle ich mich schon seit längerem in der Firma nicht mehr wohl. Das Geistheilen macht mir viel mehr Spaß.«

Der Seminarleiter: »Was machst du denn konkret?«

Wladimir: »Ach, ich habe eine Reiki-Ausbildung, ein bisschen

Kinesiologie und Aurasehen, und all das hilft meinen Klienten sehr.«

Der Seminarleiter: »Davon hast du damals gar nichts erzählt.«

Wladimir: »Das Heilen ist mir sehr wichtig.«

Der Seminarleiter: »Tatsächlich?«

Wladimir: »Ja, ja, doch, doch ...«

Der Seminarleiter: »Sind dir deine Kinder auch wichtig?«

Wladimir: »Klar – wieso nicht?«

Der Seminarleiter: »Erinnerst du dich eigentlich daran, was wir alles unter vier Augen konkret besprochen haben?«

Wladimir: »Tja, irgendwie ist mir jetzt in diesem Seminar ganz klargeworden, dass ich meine Berufung aufstellen muss. Meine Seele erwartet von mir, dass ich Heiler werde. Ich würde gern Siemens und das Heilen aufstellen, um zu sehen, wo die Fahrt hingeht.«

Der Seminarleiter schweigt lange und schaut Wladimir tief in die Augen, der aber wendet seinen Blick verschämt ab.

Der Seminarleiter: »Gut, das machen wir. Wähl die Stellvertreter aus!«

Wladimir lässt einen tiefen Seufzer hören. Offensichtlich ist er sehr erleichtert, dass der Seminarleiter ihn nicht weiter konfrontiert.

Als ich Wladimir tief in die Augen schaute, war für mich klar zu spüren, dass ich ihm schaden würde, wenn ich ihn zu einer Aufstellung seiner tatsächlichen Probleme drängte. Was die nun folgende Aufstellung zeigte, ist hier eigentlich Nebensache, soll aber dennoch kurz erwähnt werden. Der Stellvertreter für das Heilen war extrem lustlos und hatte an Wladimir nicht das geringste Interesse. Siemens hingegen war kraftvoll. Es wurde unmissverständlich deutlich, wo die berufliche Zukunft für Wladimir lag. Sein Stellvertreter schaute nur Siemens an, das Heilen interessierte ihn nicht im Mindesten. Bemerkenswert ist aber noch eine Äußerung des Siemens-Stellvertreters über Wladimir: »Er ist arrogant und achtet mich zu wenig. Er trägt regelmäßig gutes Geld von mir nach Hause, aber er achtet das Gute, was ich ihm biete, viel zu wenig.«

Wladimir fehlte der Mut. Hätte man ihn zwingen sollen, das schon in der Praxis erarbeitete Thema aufzustellen? Mancher Therapeut, der sich der »Wahrheit« verpflichtet fühlt, hätte dies mit ihm durchgezogen. Aus meiner Sicht wäre das ein Kunstfehler gewesen. Wenn jemand nicht bereit ist, ein bestimmtes Thema aufzustellen, darf man ihn keineswegs dazu zwingen. Die Folge könnte nämlich sein, dass unvorhersehbare psychosomatische Konsequenzen eintreten. Dafür trägt der Therapeut eine Mitverantwortung. Außerdem hätte die Aufstellung ohnehin keine Lösungen aufgezeigt, denn Wladimir war ja nicht bereit, sich auf Tieferes einzulassen!

Wladimir hat das eigentliche Thema »verschenkt«. In diesem Falle wurde das Berufliche nur vorgeschoben, damit er sich die eigenen blinden Flecken nicht anschauen musste.

Anhang

Die Arbeit dient dazu, Geld zu verdienen und uns materiell abzusichern. Zur Abrundung habe ich deswegen in diesem Buch einen Anhang aufgenommen, in dem auch wichtige benachbarte Themen behandelt werden: Erbschaften, Geldprobleme und Fragen, die um Häuser und Grundstücke kreisen. Nicht selten nämlich wird unser Berufsleben stark dadurch beeinflusst, wie beispielsweise einige Aufstellungen des Kapitels »Verwicklungen in Familienbetrieben« schon gezeigt haben.

Erbschaften

Alles, was die Eltern als Verlust erlitten oder als Verdienst erworben haben, gehört ihnen persönlich und ist nicht auf die Kinder bezogen. Dazu zählen beispielsweise wissenschaftliche Entdeckungen, eine offizielle Ehrung, eine Schuld, eine schwere Krankheit oder eine Behinderung. An alldem haben die Kinder nur indirekt teil, und die Eltern können und dürfen es den Kindern nicht geben. Umgekehrt dürfen die Kinder solches von den Eltern nicht nehmen. Die Folgen dieses Persönlichen gehören allein zum Schicksal der Eltern, und sie bleiben in ihrer Verantwortung.

Wenn ein Spätergeborener für einen Früheren etwas Schlimmes übernimmt, beispielsweise wenn ein Kind eine Krankheit der Eltern auf sich nimmt, dann wird das natürliche Geben und Nehmen in der Familie in sein Gegenteil verkehrt. Der Frühere hat es nämlich nicht als Geschenk genommen, um es an Spätere weiterzugeben, sondern es gehört zu seinem Schicksal. Wenn er zu seinem Eigenen steht und die Kinder es ihm lassen, kann sich meist eine gute Kraft entwickeln.

Natürlich gehört auch das Erbe zu dem Persönlichen der Eltern, das sie an die Kinder weitergeben können, aber nicht müssen. Sieht man es von der Familienordnung her, steht den Kindern – ungeachtet der juristischen Praxis, die bestimmte Regelungen gefunden hat – ein Erbe nicht zu! Im Klartext heißt dies, dass Kinder keinen Anspruch auf den Nachlass haben. Wer von seinen Eltern ein Erbe zugesprochen bekommen hat, der darf sich natürlich darüber freuen und es als Geschenk annehmen.

Meine Beobachtungen haben gezeigt, dass es stets schlimme Wirkungen hat, wenn jemand vor Gericht ein elterliches Erbe einklagt, zum Beispiel gegen Geschwister, die einen zu großen Anteil für sich beansprucht haben. Oft hat es einen schlechten Einfluss auf den Klagenden und seine Kinder, wenn er solche juristischen Erbschaftsforderungen anstrengt. Viel gemäßer ist es, wenn man innerlich loslässt und sich sagt, dass man das Wichtigste von seinen Eltern erhalten hat: das Leben. Seltsamerweise geht es bei denjenigen Geschwistern, die beim Erbe ausgetrickst wurden, in materieller Hinsicht oft sehr glücklich weiter, während den Bevorzugten das Pech an den Stiefeln zu kleben scheint.

Bei öffentlichen Vorträgen, die ich zu diesem Thema gehalten habe, passierte es mehrmals, dass Zuhörer am Ende der Veranstaltung zu mir kamen, um mir von ihren Erfahrungen zu erzählen. Der folgende Bericht eines Mannes ist für eine solche Rückmeldung typisch.

»Meine beiden Geschwister haben mich beim Erbe ausgebootet. Um mehr als 100 000 DM bin ich betrogen worden ... Aber dennoch habe ich seitdem (vor fünfzehn Jahren) bei allem ein glückliches Händchen gehabt: Mein Haus ist schuldenfrei, meine kleine Firma hat sich prächtig entwickelt ...« Dem Mann war es noch wichtig, zu erwähnen, dass es seinen Geschwistern psychisch schon lange sehr schlechtgeht und ein Neffe seitdem an einem seltenen schweren Leiden erkrankt ist. Dieser Mann fühlte sich im Nachhinein bestätigt, weil er damals nicht gegen seine Geschwister prozessiert hat.

Umgekehrt gebe ich in Beratungen solchen Erben, die ungerechtfertigt zu viel von den Eltern erhalten haben, den dringlichen Rat, den Geschwistern freiwillig mehr abzugeben und das Ganze fair aufzuteilen. Die Erfahrungen aus der Vergangenheit zeigen, dass verstorbene Eltern in der Aufstellung sehr positiv reagieren, wenn der, der von ihnen zu viel zugesprochen erhielt, es freiwillig gerecht verteilt. Wenn Eltern im Affekt unfaire Testamente abfassen und Familienmitglieder dadurch ausgrenzen, ist es die seelische Verantwortung der Erben, durch eine ausgeglichene Aufstellung wieder den Familienfrieden herzustellen. Mit korrektem juristischem Denken haben solche Ratschläge sicher nichts zu tun ...

Manchmal kann das Vorgehen nach den gesetzlichen Gegebenheiten aber auch von Segen sein. In Sieglindes Fall wurde ihr dadurch ein Erbe zugesprochen, von dem sie durch die Mutter ausgeschlossen worden war. Wenn jemand von den eigenen Eltern enterbt wird, stecken oft tiefe unverdaute Familienprobleme dahinter, für die ein schwarzes Schaf geopfert wird.

Welche schlimmen Folgen es hat, wenn man sein Erbe mit Erpressungsversuchen einfordert, zeigt Rasmus' Geschichte. Weitere aufschlussreiche Fälle ums Vererben und mögliche Folgen für die Nachkommen finden sich im Kapitel »Häuser und Grundstücke« (Magdalena, Thorsten und Veronika).

»Meine Mutter hat mich vom Erbe ausgeschlossen!«: Sieglinde

Sieglinde kam aus dem deutschsprachigen Ausland in meine Praxis. Ihre Mutter wurde kurz zuvor bei einem Autounfall überfahren und verstarb bald darauf. Sie war Besitzerin eines kleinen Freizeitparks, der nicht nur dem Vergnügen diente, sondern in dem zeitweise auch soziale Projekte mit Jugendlichen stattfanden.

Nachdem der Vater schon vor Jahren verstorben war, stellte sich jetzt die Frage, wie es mit dem Betrieb weitergehen sollte. Schockiert musste Sieglinde zur Kenntnis nehmen, dass ihr in dem von der Mutter kürzlich angefertigten Testament nichts zugesprochen worden war. Das riesige Anwesen wurde allein dem Enkelkind vererbt, Sieglindes einundzwanzigjähriger Tochter Raffaela.

Wenn eine Großmutter beim Vererben nur die Enkelkinder bedenkt und die eigenen Kinder ausspart, hat dies familiensystemisch problematische Wirkungen. Im vorliegenden Fall würde die Mutter die wirtschaftlich Benachteiligte bleiben, und die eigene Tochter stiege sozial stark auf ... Macht, Geld und Einfluss liegen nun allein bei ihr, nicht bei der Mutter. Das hat seelisch keine gute Wirkung auf das Kind, denn es fühlt sich der Mutter durch die Umstände überlegen. Da es aber als Kind seelisch »die Kleine« ist und die Mutter »die Große«, wird die Tochter das Erbe mit einiger Wahrscheinlichkeit unvorteilhaft bewirtschaften: Unbewusst stellt sie durch ein solches Verhalten die durcheinandergeratene Hierarchie zwischen Mutter und Tochter wieder her.

Hier jedoch stimmten glücklicherweise die juristischen Entscheidungen überein mit dem, was gut für die ganze Familie war. Eine nähere Begutachtung des Testaments zeigte, dass es sich um die Fotokopie eines maschinegeschriebenen Textes handelte. Als Grundlage vor Gericht wurde solch ein Schriftstück nicht anerkannt, und so beschloss man die gesetzliche Erbfolge. Nun war also doch Sieglinde die Erbin des Anwesens und nicht ihre Tochter. Warum hatte ihre Mutter sie ausgegrenzt, und wieso war Raffaela seit eh und je das Ein und Alles der Großmutter gewesen?

Sieglinde will all diese Fragen in einer Familienaufstellung klären. Es zeigt sich, dass Sieglindes Mutter schon immer sterben wollte: Ihre Stellvertreterin legt sich in der Aufstellung neben Sieglindes beide verstorbenen Brüder. Ein Bruder starb mit sechs Wochen an einer Herzschwäche, und der andere verunglückte im jugendlichen Alter bei einem Autounfall, so, wie ja auch die Mutter ums Leben kam.

Die Mutter ist in der Aufstellung friedlich mit ihren toten Kindern vereint und hat keinen Blick für die Lebenden. Erst als

der Seminarleiter sich entschließt, auch noch Raffaela hinzu-
zunehmen, ändert sich etwas.

»Komm zu uns, mein Kind!«, sagt Sieglindes Mutter einladend
zu Raffaela, die strahlend zur Großmutter läuft.

Auf die Vorgabe des Seminarleiters sagt Sieglinde ihrer Tochter: »Du bist nicht Omas Tochter, sondern mein Kind. Du gehörst zu mir, und du kannst der Oma die toten Kinder nicht
ersetzen!«

In der Tat war die »Affenliebe« der Großmutter zur Enkelin
eine Form des unbewussten energetischen Missbrauchs: Sie
sah in der Enkelin ihr Kind, weil sie sich mit dem Tod der
eigenen Söhne nie richtig auseinandersetzen wollte.

Sieglindes Worte lösen den Bann. Raffaela kann jetzt wieder
auf ihre Mutter zugehen, und Sieglinde kann Abschied nehmen von ihrer eigenen Mutter und den toten Brüdern.

Zum Schluss stellt Sieglinde noch die Frage, ob sie den Betrieb
nun komplett verkaufen soll oder ob es besser ist, ihn vorläufig weiterzubewirtschaften. Es zeigt sich, dass das Erbe noch
gepflegt werden will: Für einen Verkauf ist es momentan viel
zu früh.

Die Erpressung des Vaters:
Rasmus

Rasmus war das jüngste von drei Geschwistern und pflegte
seinen alten Vater, der an einer unheilbaren Krankheit litt.
Rasmus verachtete den Vater, und eines Tages sagte er ihm,
dass er ihn nur dann weiterpflegen würde, wenn er ihm den
größten Teil des Erbes zuspreche und nicht, wie vorgesehen,
ein Viertel. Auf diese Erpressung ging der Vater nicht ein. Der

Sohn hörte deshalb noch am selben Tag auf, den Vater zu betreuen. Am nächsten Tag brach Rasmus körperlich und nervlich zusammen. Seitdem befindet er sich in einer tiefen Depression und fühlt sich auch physisch am Ende.

Wenn Kinder ihre Eltern finanziell erpressen, ist dies ein schwerer Verstoß gegen die natürliche Ordnung. Die Eltern haben ihnen das Leben gegeben, und jede Anmaßung der Kinder bewirkt in deren Seele eine starke Gegenreaktion. Sie gleichen aus, indem sie es sich sehr schlechtgehen lassen. Wie gesagt: Neben dem Leben, das sie von den Eltern erhalten haben, ist das Erbe ein weiteres Geschenk, auf das Kinder sich freuen können, wenn sie es bekommen. Ein natürliches Anrecht hat man jedoch nicht darauf.

In der psychotherapeutischen Sitzung hatte Rasmus anfangs nur von seinen Symptomen erzählt. Auf meine Frage, was denn unmittelbar vorher geschehen sei, erwähnte er die obige Geschichte.

Ich sagte ihm: »Ich kann Ihnen nur weiterhelfen, wenn Sie als ersten Schritt zu Ihrem Vater gehen und ihn um Verzeihung bitten für das, was Sie ihm angetan haben.«

Rasmus aber lachte nur verächtlich und sagte: »Nie werde ich das tun. Lieber krepier ich!«

Daraufhin erwiderte ich: »Dann lehne ich es ab, dass Sie ein zweites Mal zu mir kommen. Ich arbeite nämlich nur, wenn ich die Chance zu einer Weiterentwicklung sehe. In Ihrem Fall sieht es hoffnungslos aus, wenn Sie Ihre innere Einstellung zu Ihrem Vater nicht ändern.«

Rasmus: »Das werden wir ja sehen!«

Ich habe nie wieder etwas von ihm gehört.

Finanzielle Probleme

Wenn jemand häufig verschuldet ist und nicht mit Geld umgehen kann, findet sich oft eine finanzielle Familientragödie im Hintergrund, so wie auch bei Sergej. In Ulfs Fall ist die Dynamik noch ausgeprägter, denn es geht um existenzielle familiäre Armut.

Oft werden finanzielle Krisen dadurch ausgelöst, dass Kinder sich von den Eltern in die Pflicht nehmen lassen und Bürgschaften unterschreiben – oder aber auch Eltern für ihre Kinder. Es hat sich bei vielen Aufstellungen gezeigt, dass es keine guten Folgen hat, wenn Kinder die Schulden und das finanziell Schwere für ihre Eltern tragen und sich damit ihre Zukunft ruinieren. Und es ist meist auch ein Fehler, wenn Eltern ihren Kindern eine wichtige Lernaufgabe verweigern: Jeder muss selbst die Folgen seines finanziellen Verhaltens tragen, und es ist problematisch, sich dabei einzumischen. Die Fallgeschichten von Anton und Linda verdeutlichen das Gesagte in typischer Weise, selbst wenn sich im Einzelfall die Situation einmal anders darstellen mag.

Dass der Umgang mit Geld auch sehr viel mit der Ausübung von Macht zu tun hat, erleben wir bei Clarissas Erfahrungen mit ihrem Vater.

»Endlich soll mal einer von uns Erfolg haben!«:
Sergej

Sergejs Anliegen ist der Umgang mit wirtschaftlichen Ressourcen. Er ist selbständig und betreibt eine kleine Firma, doch die Schulden wachsen ihm über den Kopf. »Mit all den Schulden, gerade auch für das Haus, in dem meine Firma untergebracht ist, bin ich fast jeden Monat am Limit dessen, was gerade noch möglich ist«, klagt er.

Da Sergej sich schon länger mit dem Familien-Stellen beschäftigt, hat er seine »Hausaufgaben« gut gemacht. Er untersuchte seine Familiengeschichte und fand Folgendes heraus: Ein Ururgroßvater mütterlicherseits verspielte Haus und Hof. Dessen Sohn, der Urgroßvater, gründete eine Bank und ging dann pleite. Dessen Sohn wiederum, Sergejs Großvater, besaß ein Lebensmittelgeschäft und machte ebenfalls Bankrott. In des Vaters Stammbaum verloren dessen Eltern ihr Wohnhaus durch einen Bombenangriff im Zweiten Weltkrieg.

Der Seminarleiter sagt zur Gruppe: »Wie kann man bei solch einer Familiengeschichte völlig unbeschwert und gewinnbringend mit Immobilien und Geld umgehen? – Es ist schier unmöglich! Man fühlt sich angesichts des Schicksals dieser Vorfahren sofort schuldig, wenn man wirtschaftlichen Erfolg hat.«

Sergej nickt stumm. Dann erzählt er noch, in dem Haus, das er für die Firma gekauft habe, seien auch alle vorigen Geschäftsinhaber pleitegegangen.

Der Seminarleiter: »Wir machen erst mal eine Vorprüfung. [Er wählt aus dem Publikum einen Mann für Sergejs Haus und legt ihm im Abstand von zwei Metern zwei verschiedenfarbige Mützen vor die Füße.] Spüre, zu welcher es dich hinzieht.«

Der Seminarleiter hatte stillschweigend vorher die Bedeutung der Mützen festgelegt: »Grün« bedeutet, dass das Haus für Sergejs Firma ungeeignet ist; »Weiß« hingegen bedeutet, dass es nicht notwendig ist, aus dem Haus auszuziehen.

Ohne zu zögern, geht der Stellvertreter der Firma auf die weiße Mütze zu. Anschließend wählt Sergej Stellvertreter für all jene in der Familie, die wirtschaftlichen Schiffbruch erlitten haben, und auch einen Mann für sich selbst. All diese Personen stehen nun im Halbkreis vor Sergej. Dieser schaut unaufhörlich den Urgroßvater an, bald fängt er an zu zittern. Der Urgroßvater ist gerührt über den Urenkel und streckt die Hände aus. Sergej geht auf ihn zu, sie umarmen sich stumm und innig.

Der Seminarleiter bittet Sergej, in die eigene Rolle zu gehen und sich vor den Urgroßvater zu stellen. Er sagt: »Vor allem mit ihm fühlst du dich verbunden!«

Sergej umarmt den Verwandten und fragt dann spontan: »Warum?«

Der Urgroßvater setzt eine finstere Miene auf und blickt zu seinem Vater, dem Ururgroßvater: Er sagt ihm, ebenfalls ohne nachzudenken: »Du bist schuld! Du hast alles verspielt.«

Der Angesprochene verschließt sich, schüttelt den Kopf und entgegnet: »All das geht dich nichts an! Schlimm genug, dass du es mir nachgemacht hast!«

Diese Worte verfehlen ihre Wirkung nicht. Der Sohn (Urgroßvater) schaut nun milde und fasst seinen Vater (Ururgroßvater) an den Händen. Er sagt: »Es tut mir leid!«

Auf die Vorgabe des Leiters sagt Sergej nun dem Urgroßvater und dessen Vater: »Ich achte euer beider wirtschaftlichen Verlust. Bitte schaut freundlich auf mich, wenn ich mich traue, mit Beruf, Geld und Immobilien eine glückliche Hand zu haben.«

Die beiden Urahnen sind gerührt und nicken. Sie wünschen Sergej viel Glück mit seiner Firma.

Nun geht Sergej zu dem Großvater, der mit seinem Lebensmittelgeschäft pleitegegangen ist. Dieser strahlt ihn intensiv an, während seine Augen feucht werden. Ohne angesprochen zu sein, platzt es aus ihm heraus: »Ja, es soll ihm anders gehen als uns. Endlich soll mal einer von uns Erfolg haben!«

Sergej atmet tief durch und umarmt den Großvater. Dann geht der Blick auf die Eltern des Vaters, die ihr Haus verloren haben. Die Großmutter schüttelt im Angesicht des Enkels den Kopf.

Die Großmutter: »Sein Anliegen hat nichts mit unserem Verlust zu tun!«

Der Großvater bestätigt: »Er hat schon alles für seine Lösung!«

Sergej nickt den Großeltern freundlich zu.

Fünf Monate später kommt Sergej mit seiner Frau in einen Kurs. Sie stellen ein privates Thema auf. Zusätzlich treibt Sergej immer noch das Thema vom letzten Seminar um. Irgendetwas lässt ihn an der damaligen Aufstellung nicht los, außerdem hat sich die erhoffte Trendwende noch nicht eingestellt.

Der Seminarleiter bittet ihn, sich einen Stellvertreter für die Firma auszusuchen. Als der männliche Vertreter gefunden ist, legt der Seminarleiter ein grünes und ein weißes Käppi vor ihn auf den Boden: »Spüre, wo es dich hinzieht.«

Die Firma geht ohne Zögern auf das grüne Käppi zu.

Der Seminarleiter zu Sergej: »Das weiße Käppi hätte bedeutet, dass es ein zusätzliches, ein ganz neues Thema für das Berufliche gibt. Dem ist aber nicht so. Irgendetwas an der letzten Aufstellung muss noch ergänzt werden, es fehlt etwas.«

Noch einmal werden Stellvertreter für den Vater, den Ur-, den Ururgroßvater und auch für Sergej gesucht.

Mit dem Vater hat das wirtschaftliche Thema jedenfalls nichts zu tun. Kraftvoll kann der Vater, der halbwegs wirtschaftlich erfolgreich war, dem Sohn sagen: »Ich freue mich, wenn du so erfolgreich wirst wie ich.«

Ebenfalls mit Kraft kann Sergej seinem Vater sagen: »Ich darf so erfolgreich sein wie du.«

Anschließend wandert der Blick zum Ururgroßvater. Sergej kommen die Tränen.

Der Seminarleiter zu Sergej: »Du bist nicht in der damaligen Lösung geblieben. Deine Tränen zeigen, dass du dich im Angesicht seines Schicksals noch nicht traust, erfolgreich zu sein.«

Der Ururgroßvater zu Sergej (der seinen Ururenkel sichtlich gernhat): »Glaub's doch endlich, dass du es wirklich anders machen darfst als ich!«

Sergej schüttelt den Kopf! Er glaubt es immer noch nicht. Erst im zweiten Anlauf schafft er es, die Lösungsworte überzeugend zu sagen.

Sergej erzählt nun, wie massiv sein Ururgroßvater damals verspottet und von der Familie ausgeschlossen worden war. Dieser nickt unmerklich dazu.

Der Seminarleiter (ruft): »Das ist es! Das ist die Information, die damals auch noch wichtig gewesen wäre!«

Er nimmt zwei Frauen und zwei Männer aus der Gruppe, stellt sie dem Ururgroßvater gegenüber und sagt: »Das sind jetzt vier jener Familienmitglieder, die ihn auf schlimme Weise verspottet und ausgegrenzt haben.«

Der Seminarleiter zu Sergej: »Schau ihnen mal in die Augen und prüfe, was das mit dir macht.«

Sergej presst den Kiefer etwas zusammen. Man sieht, dass er nicht gut auf sie zu sprechen ist.

Der Seminarleiter zu Sergej: »Sag ihnen: ›Es ist eine Sache zwischen euch und ihm. Es geht mich nichts an. Ich achte euch als meine Ahnen.‹«

Sergej (schüttelt den Kopf): »Das kann ich nicht! Ich bin wütend auf sie. Ich kann mich auch nicht vor ihnen verbeugen!«

Der Seminarleiter: »Genau! Du willst deinen Ururopa rächen! Das Resultat ist aber, dass du einen fürchterlichen Schiffbruch erleiden wirst, genauso wie er! Deine Wut gehört dir gar nicht, es ist seine. Nur er hat ein Recht, auf sie alle wütend zu sein.«

Die vier Ahnen stimmen dem murmelnd zu. Einer sagt spontan: »Ich freu mich, wenn er nun Erfolg hat. Aber aus dem Konflikt mit dem Ururopa muss er sich raushalten.«

Sergej reckt den Kopf etwas nach oben und beginnt zu grübeln. Dann sagt er: »Aber geht es meinem Ururopa wirklich auch gut? So einfach kann das alles doch nicht sein ...?«

Der Angesprochene lächelt breit und gütig: »Das mit den vieren mach ich schon! Mir geht es wirklich gut, sehr gut!«

Wieder schüttelt Sergej den Kopf und wendet sich an den Leiter. Er sagt: »Ich kann gar nicht glauben, dass es ihm tatsächlich gutgeht.«

Der Seminarleiter zum Ururgroßvater: »Sag's ihm noch einmal. Er ist ein schwerer Brocken ...«

Der Urahn wiederholt seine Sätze und fügt hinzu: »Alles ist wunderbar, nur du tust mir leid, weil du so leidest.«

Sergej zuckt kurz und kräftig mit dem Kopf nach vorn. Man kann sehen, wie die Botschaft endlich tief in seinen Körper eindringt. Er sagt: »Jetzt kann ich es!«

Sergej dreht sich um zu den vier Ahnen, verbeugt sich vor ihnen und sagt anschließend: »Es ist eine Sache zwischen ihm und euch. Mich geht es nichts an. Ich achte euch.«

Einer der Ahnen seufzt laut und sagt: »Endlich!«

Während dieser ganzen Aufstellung hat der Stellvertreter der

Firma bisher aus der Ferne zugeschaut. Nun verspürt er den Drang, auf Sergej zuzugehen und ihm zu sagen: »Das war gut! Der Weg stimmt, aber ich habe Sorge, ob du auch innerlich in dieser Haltung bleibst.«

Der Seminarleiter zu Sergej: »Die Zukunft wird es zeigen. Jedenfalls hast du jetzt den Schlüssel in der Hand.«

Sergej bedankt sich, und die Stellvertreter gehen alle aus den Rollen.

Oberflächlich betrachtet, hatte der Seminarleiter damals einfach vergessen, auf die gehässigen »Verurteiler« der Familie zu schauen. Doch vermutlich war es notwendig, dass die neuen Bilder erst einmal einige Monate in Sergej wirken konnten, damit er bereit dafür wurde, auch auf diese Familienmitglieder mit Verständnis zu blicken. Damals hätte er sich sehr schwergetan, in eine solche Lösung zu gehen, denn sogar jetzt brauchte er mehrere Anläufe dazu! Es bedurfte hier der Vorbereitung durch die erste Aufstellung.

Nicht selten zeigt sich beim Familien-Stellen, dass man immer nur bis zu einem gewissen Punkt zu gehen vermag. Zu einer späteren Zeit kann der Weg oftmals fortgesetzt werden.

»Warum erleide ich schon immer schlimme Geldnot?«:
Ulf

Ulf ist Mitte vierzig und hat ständig finanzielle Probleme. Ihm ist klar, dass das Problem auch in seiner »inneren Armutshaltung« besteht: »Ich komme mir schuldig vor, wenn ich etwas besitze, wenn ich reich bin. Meine Eltern waren immer arm. Es hat oft am Nötigsten gefehlt. Kaum komme ich heutzutage auf einen grünen Zweig, bin ich durch irgendwelche Umstände plötzlich gezwungen, Schulden zu machen.«

Ulf sucht einen männlichen Stellvertreter für sich und eine Frau für die Armut aus. Was sich jetzt als Bild zeigt, ist herzerweichend: Die Armut krümmt langsam den Rücken, und anschließend nimmt sie die Schultern zusammen. Dann sinkt sie allmählich zu Boden. Der Seminarleiter bittet einen Mann und eine Frau aus der Gruppe als Eltern in die Aufstellung hinein. Als die Mutter auf die Armut schaut, beginnt sie bitterlich zu weinen. Ulfs Stellvertreter hat die Hände vor dem Gesicht. Er kann kaum auf die Armut schauen.

Der Seminarleiter: »Es ist ganz klar, was in der Familie der Mutter einmal passiert ist. Ich überprüfe es aber zuerst. [Er bittet einen Mann aus der Gruppe hinzuzukommen, sagt aber nicht, wen dieser darstellt.] Wenn er keine Rolle spielt, wird er sich wieder hinsetzen.«

Die Anwesenheit des neuen Mannes elektrisiert alle. Die Mutter wendet sich entsetzt ab wie auch der Sohn. Keiner mag hinschauen. Der Mann sinkt kraftlos auf den Boden und schluckt mehrmals. Die Armut legt ihm von hinten die Hände auf. Dann schmiegt sie sich an ihn.

Der Seminarleiter: »Dieser Mann aus der Familie der Mutter ist verhungert, so arm war er.«

Der Mann nickt stumm.

Die Mutter stößt einen Schrei aus. Nach einer Pause sagt sie: »Es ist so schlimm, dass man dauernd schreien könnte. Schon am Anfang der Aufstellung hätte ich beim Anblick der Armut schreien können.«

Nun bittet der Seminarleiter Ulf, seinen Platz in der Aufstellung einzunehmen, während sich der Stellvertreter setzt.

Ulf kniet bei dem Toten und hält seine Hand. Er weint, während der Tote ruhig ist. Spontan sagt der Tote: »Du sollst es besser haben!«

Auch die Mutter kommt hinzu und hält die andere Hand des Toten.

Der Seminarleiter zu Ulf: »Schau dem Toten in die Augen und sag ihm: ›Dir zum Andenken traue ich mich, die Fülle zuzulassen. Dann war dein Hungertod nicht umsonst.‹«

Die Mutter (schluchzt berührt auf): »Ja, das darf sich nie mehr wiederholen. Trau dich. Sag es ihm.«

Ulfs Lippen bewegen sich stumm, so, als ob er die Worte innerlich erst einüben müsste. Dann spricht er sie aus, der Tote nickt und lächelt. Auch die Armut lächelt, während sie den Toten am Kopf berührt. Dann entfernt sich die Armut rückwärtsgehend langsam von allen.

Der Seminarleiter zur Mutter: »Prüf mal innerlich folgenden Satz, den du deinem Sohn sagen könntest: ›Vergiss, was du in deiner Kindheit über den Umgang mit Geld von mir gelernt hast. Trau dich, es anders zu machen als ich, und lass die Fülle zu.‹«

Ulf schaut den Seminarleiter an und sagt: »Bis heute hat sie so sehr unter finanzieller Not zu leiden. Sie lebt allein, ohne meinen Vater.«

Währenddessen nickt die Mutter und lächelt. Sie wiederholt, zum Sohn gewandt, den vom Seminarleiter vorgeschlagenen Satz.

Ulf sieht noch ein wenig ungläubig aus. Der Seminarleiter bittet eine Frau aus der Gruppe, sich in das Aufstellungsbild zu stellen, und sagt: »Das ist die Fülle.«

Die Fülle lächelt Ulf an. Ulf kann nicht widerstehen und lächelt auch. Beide nehmen sich an den Händen.

Ulf soll ihr nun sagen: »Ich traue mich, auch dich in meinem

Leben zuzulassen.« Ganz überzeugend waren Ulfs Worte aber nicht. Scheu blickt er zum Toten auf dem Boden.

Der Seminarleiter zur Gruppe: »Habt ihr das gesehen, wie er zu dem Toten hinschaut? In seinem Angesicht hat er immer noch ein schlechtes Gewissen, die Fülle in sein Leben zu lassen! [Zu Ulf:] Du weißt ja, dass du den toten Ahnen ehrst, wenn die Fülle zugelassen wird. Du nimmst den Toten in deinem Herzen einfach mit in den Alltag und seine finanziellen Herausforderungen.«

Ulf (seufzt): »In Ordnung! Ich war tatsächlich noch ein bisschen unsicher, aber ich darf es wirklich ...«

Der Seminarleiter bekräftigt ihn: »Ja, natürlich.«

Dann wiederholt Ulf zum Schluss noch einmal zur Fülle gewandt: »Ich traue mich, auch dich in meinem Leben zuzulassen.«

Knapp eine Woche nach der Aufstellung bekomme ich eine Postkarte von Ulf. Er schreibt: »... ich möchte mich bedanken für das schönste Seminar in meinem Leben. Heute ist der dritte Tag nach dem Seminar. Ich sitze in meiner Küche, lese ein Buch über Märchen, trinke Rotwein, höre gute Musik und weine. Es ist alles wunderbar.«

Knapp zwei Jahre nach der Aufstellung gibt mir Ulf telefonisch die Rückmeldung, dass die dramatischen Mangelsituationen aufgehört haben und er genau seit der Aufstellung finanziell stets gut über die Runden kommt. Nie hätte er das für möglich gehalten.

»Soll ich für meinen Sohn haften?«:
Anton

Antons Sohn Claudio ist Mitte dreißig und freiberuflicher Finanzmakler. Er ist schon vorbestraft, denn seine Transaktionen waren teilweise kriminell. Papiere wurden gefälscht, und sein Kompagnon sitzt im Gefängnis. Auch Claudio könnte dasselbe Schicksal drohen, denn es laufen mehrere Verfahren gegen ihn.

Bislang ist er noch nicht der Unterschlagung und Urkundenfälschung angeklagt worden wie sein Partner, doch zivilrechtlich wurde ihm schon der Prozess gemacht. Claudio soll eine große Summe zahlen, aber er hat das Geld nicht. Er nahm einen Kredit auf und bat den Vater, für die hohe Summe zu haften. Außerdem braucht er auch Geld, um ein Berufungsverfahren anstrengen zu können.

Anton ist schon oft von seinem Sohn enttäuscht und belogen worden. Dessen dauerndes Gerede von Selbstmordplänen wirkt da auch nicht gerade hoffnungsvoll auf den Vater.

In verschiedenen Schritten stellen wir Holzfiguren für Vater und Sohn und auch Papierscheiben für Aspekte der juristischen und der finanziellen Seite des Ganzen auf.

Was Anton und der Therapeut nach und nach erarbeiten, hat der Vater ohnehin schon geahnt. Es spricht vieles dafür, dass Claudio nicht zu seinen kriminellen Verstrickungen steht. Für seine seelische Entwicklung wäre es besser, er würde keine Revision beantragen und das Geld dafür sparen. Alles, was der Vater hier in seinen Sohn investiert, verschwindet in einem Fass ohne Boden.

Der Therapeut bittet Anton, sich vor den Spiegel zu stellen und nacheinander zwei Sätze zu sagen, dazwischen soll er eine Pause einlegen. Satz eins: »Ich gebe meinem Sohn die Geldsumme, um die er mich gebeten hat.« Satz zwei: »Ich gebe ihm das erbetene Geld nicht.«

Bei Satz eins muss Anton stottern. Er macht mehrere Anläufe, um ihn korrekt zu Ende zu bringen. Außerdem schüttelt er leicht den Kopf während des Sprechens. Bei Satz zwei hingegen ist Kraft zu spüren: Er kann ihn ganz normal aussprechen, und sein Kopf nickt dazu einmal leicht. Der Therapeut fragt Anton, ob er deutlich gespürt hat, in welchem Satz hier die Wahrheit liegt. Anton hat es ebenfalls klar und unmissverständlich wahrgenommen.

Er erzählt anschließend, dass er als Freiberufler wenig Rücklagen für sein Alter geschaffen hat. Das Risiko, später völlig verarmt dazustehen, ist nicht von der Hand zu weisen! Doch davon wollte er die Entscheidung nicht abhängig machen, weswegen er in meine Praxis kam.

Am Ende der Stunde schüttelt Anton traurig den Kopf: »Claudio lügt mich dauernd an. Auch wenn es mir schwerfällt, muss ich innerlich wohl zustimmen, dass er endlich die sauren Früchte seiner Taten erntet. Falls er sich dann von mir enttäuscht abwendet, muss er das vor sich selbst verantworten.«

Dem kann der therapeutische Begleiter nichts mehr hinzufügen.

Die Last von Vaters Schulden:
Linda

Linda ist Inhaberin einer Glasfabrik im deutschsprachigen Ausland. Nach dem Tod des Vaters zeigte sich, dass er riskante Geschäfte an der Börse gemacht hatte und das Unternehmen dadurch stark verschuldet ist. Von ihrem Studium und ihrer Ausbildung her ist Linda qualifiziert, eine solche Firma zu leiten.

Eigentlich macht ihr so etwas Freude. Im beruflichen Alltag jedoch fühlt sie sich manchmal wie gelähmt, wenn sie an all die Verbindlichkeiten denkt.

In Absprache mit der Mutter, der eigentlichen Erbin, hat Linda nach dem Tod des Vaters nämlich nicht nur das angeschlagene Unternehmen übernommen, sondern auch die damit verbundenen Schulden. Selbst Lindas Ehemann fühlte sich in die Pflicht genommen und haftet ebenfalls bis ans Ende seiner Tage dafür. Möglicherweise müssen beide ein ganzes Leben lang schuften, um des Vaters bzw. Schwiegervaters Schulden abzutragen. Wie man sich denken kann, drückt dieses Problem auch die Stimmung in der Ehe.

Im Gespräch sagt Linda immer wieder, dass es »zu viel« war: Sie hätte die Schulden nicht übernehmen dürfen und all das ihrer jetzigen Familie nicht aufbürden dürfen. Doch die (falsche) Solidarität der Familie gegenüber ließ es damals nicht anders zu. Dabei gesteht Linda, dass ihre Mutter es ihr in keiner Weise übelgenommen hätte, wenn sie beruflich einen anderen Weg eingeschlagen und die Schulden nicht übernommen hätte.

Wir entschließen uns, diese Frage kurz mit Holzfiguren und Papierscheiben aufzustellen. Das Ergebnis bestätigt Lindas Aussage: Niemand, auch der Vater nicht, hätte es ihr verübelt, wenn sie damals das Erbe ausgeschlagen hätte.

Nun aber ist nichts mehr rückgängig zu machen! Und wie sieht die Lösung aus, nachdem »das Kind in den Brunnen gefallen« ist? In einer imaginativen Reise begegnet Linda ihren Eltern und sagt ihnen: »Ich hätte es nicht tun müssen. Es war ein Fehler. Aber jetzt bringe ich es mit Würde und Kraft zu Ende!«

Nach der Sitzung fühlt Linda sich besser. Wenn man zu seinen Fehlern steht, kann man davon auch wieder Kraft schöpfen.

Immer wieder habe ich erlebt, dass es ein Fehler ist, wenn Kinder für die wirtschaftlichen Probleme der Eltern einspringen. Ein Geschwisterpaar gab zähneknirschend die Zustimmung, dass auf ihren Namen ein Kredit von jeweils 100 000 Euro aufgenommen wurde, weil der Familienbetrieb gerettet werden sollte. Der Vater hätte es angeblich seinen Kindern nie verziehen, wenn sie nicht unterschrieben hätten.

In der Aufstellung aber haben beide Eltern geäußert, es tue ihnen leid, dass sie ihre erwachsenen Kindern auf diese Weise um ihre wirtschaftliche Zukunft gebracht hätten. Doch die Verantwortung liegt selbstverständlich bei den Kindern! Niemand kann sie zur Unterschrift zwingen. Und wenn Eltern dann mit Enterbung und Ausschluss aus der Familie drohen, muss man als erwachsenes Kind auch das zuweilen in Kauf nehmen, um seinen eigenen Lebensweg schützen zu können.

Der Finanzvertrag mit dem Vater:
Clarissa

Clarissa ist Ende zwanzig, alleinstehend und hat keine Kinder. Sie versucht sich ihren Lebensunterhalt selbständig mit Edelstein-Heilsitzungen, NLP und anderen Formen der Beratung zu verdienen. Dabei hat sie immer wieder auch viel Geld in den Sand gesetzt.

Bislang erlitt sie vor allem deshalb keinen dauerhaften finanziellen Schiffbruch, weil der Vater ihr meist aus der Patsche geholfen hat. Dies geschah allerdings unter seltsamen Umständen: Er setzte »Verträge« auf, in denen im Detail geregelt war, wie viel Geld die Tochter monatlich erhielt und was sie im Gegenzug dafür erfüllen musste! Dazu zählte ein Rückzahlungsplan inklusive Zinsen, der die Tochter auf viele Jahre bindet. Doch wurden ihr auch Vorschriften gemacht, wie sie das Geld einzusetzen habe.

Als der Therapeut sagt, er fände das alles äußerst merkwürdig, ergänzt Clarissa, ihr älterer Bruder sei Darlehenssachbearbeiter einer Bank und arbeite die Verträge für den Vater detailliert aus. Schon als Jugendliche hatte der Vater mit Clarissa Verträge gemacht: Eine konkrete Summe wurde ihr leihweise überlassen, die sie vollständig zurückzahlen musste, zusätzlich hatte sie dann auch noch bestimmte Gartenarbeiten pünktlich zu erledigen.

Der therapeutische Begleiter wirft dazwischen: »Bei einer neutralen Bank sind die Konditionen sicherlich besser als bei Ihrem Vater!«

Clarissa lacht und bejaht das. Ihr Lachen lässt vermuten, dass sie das Spielchen mit dem Vater nicht ungern mitspielt. Allerdings will sie sich den persönlichen verborgenen Nutzen bei dem Ganzen noch nicht anschauen. Mein Angebot, in dieser Richtung weiterzuforschen, lehnt sie ab.

In der verbleibenden Zeit der Stunde zeigt sich deutlich, dass Clarissa sich durch das Instrument der Kontrakte freiwillig unterwirft und dem Vater Macht über ihre persönliche Lebensgestaltung gibt. Leider ist sie diesem Kindheitsmuster auch als Erwachsene noch treu. Damit sie seelisch selbständig wird, ermutige ich sie dazu, in Zukunft keine derartigen Verträge mehr mit dem Vater zu schließen, sondern nur noch mit Banken.

Außerdem lege ich ihr eine Familienaufstellung nahe, um die verborgene Ursache dieser merkwürdigen familiären Machtstrategien sichtbar zu machen und aufzulösen.

Von Clarissa habe ich nie wieder gehört. Vielleicht hat sie noch nicht den Mut, erwachsen zu werden, und zieht noch zu viel Gewinn aus den »Spielchen« mit Papa.

Häuser und Grundstücke

Wir sind energetisch nicht nur mit unseren Familienmitgliedern verbunden, sondern auch mit den Gegenden, in denen wir uns aufhalten. Orte, an denen früher einmal ein Friedhof war oder ein Galgen stand, wirken auch heute noch auf uns. Von solchen Einflüssen erzählt uns die Geschichte von Margitta. Wie die Aufstellung von Magdalena deutlich macht, hat es mit Immobilien aus Zwangsversteigerungen ebenfalls eine besondere energetische Bewandtnis, die nicht unmittelbar mit der eigenen Familie zusammenhängt.

Oft jedoch spiegeln Schwierigkeiten mit Häusern und Grundstücken Leiden aus der eigenen Familie wider. Wie die Aufstellung von Christian zeigt, kann ein Problem mit Haus und Wohnung im Hintergrund auch auf ein Familiendrama mit Flucht und Vertreibung durch den Zweiten Weltkrieg hinweisen. Bei einer solchen Vorgeschichte ist es oft schwierig, sich irgendwo heimisch zu fühlen. Auch wenn ein Elternteil Halbwaise oder Vollwaise war, kann sich die Situation ähnlich darstellen.

Speziell mit deutschen Aufstellenden lohnt sich immer auch

die Frage nach Trennungen in der Familie durch die Zonengrenze der ehemaligen DDR. Im Fall von Christian finden wir alle drei angesprochenen Themen vereint in einer einzigen Familiengeschichte. Wie soll man sich da mit gutem Gewissen an einem Ort, in einer Wohnung oder in einem Haus heimisch fühlen, wenn die Verwandten keine Heimat oder kein Zuhause hatten?

Besondere Probleme gibt es oft mit dem Verkauf gemeinsamer Immobilien bei Scheidungen. Häufig wird stellvertretend über das Haus etwas ausgetragen, was gar nicht direkt mit ihm zu tun hat. Da ist es nicht verwunderlich, wenn die Immobilie unverkäuflich zu sein scheint, so wie im Beispiel von Julia und Richard. Allgemein kann man sagen, dass alle Grundstücksprobleme in solchen Fällen schneller gelöst werden können, wenn sich das Paar auf der seelischen Ebene vorher richtig getrennt hat.

Bei Thorsten und Veronika geht es um Probleme mit vererbten Immobilien, wobei ebenfalls wieder die energetische Verbindung mit gravierenden Ereignissen aus der Vergangenheit ins Spiel kommt.

Das morphogenetische Feld:
Margitta

Margitta hatte, kurz bevor sie in die Praxis kam, eine Mietwohnung in einem neu errichteten Haus bezogen. Seit sie dort lebte, konnte sie nachts kaum schlafen. Durch den Schlafmangel fühlte sie sich sehr beeinträchtigt.

In einer Aufstellung mit Papierscheiben wurden sowohl die Wohnung als auch einige andere mögliche Ursachen für das momentane Schlafproblem aufgestellt. Das eindeutige Ergebnis war, dass irgendetwas mit der Wohnung nicht stimmte. Der therapeutische Begleiter sagte Margitta, er habe eine gewalttätige Kraft auf der Scheibe für die Wohnung gespürt. Er bat sie zu prüfen, ob vor ihrer Zeit etwas Schlimmes in dieser Wohnung passiert sei, mit dem ihr Unbewusstes nun in Kontakt getreten war.

Da es sich um einen Neubau handelte, hatte das Haus noch keine lange Geschichte. Zufällig kam Margitta jedoch in der Nähe mit einem Bauern ins Gespräch. Er erzählte ihr, dass sich an der Stelle, an der das Haus errichtet wurde, zuvor ein Mann umgebracht hatte. Nachdem Margitta ein religiöses Ritual in ihrer Wohnung durchgeführt hatte, konnte sie tatsächlich wieder ruhig schlafen.

Meiner Erfahrung nach hat jeder Ort sein eigenes Kraftfeld. Wenn an einem Platz etwas Gravierendes geschehen ist, können sensible Menschen mit der dort herrschenden Kraft in Kontakt kommen.

Der englische Biologe Rupert Sheldrake hat in seinen Büchern ähnliche beeindruckende Fallgeschichten gesammelt. Er spricht im Zusammenhang mit solchen Phänomenen von »morphogenetischen« (»gestalterzeugenden«) oder »morphischen Feldern«. Sheldrake geht davon aus, dass die Felder raumzeitliche Organisationsmuster sind. Diese energetischen Strukturen »besitzen ein Art eingebautes Gedächtnis. Das Gedächtnis beruht auf dem Prozess der morphischen Resonanz, des Einflusses von Gleichem auf Gleiches über Raum und Zeit.«[15]

In jenen Feldern sind somit alle Informationen über Ereignisse enthalten, die auf dem betreffenden Stück Erde bedeutsam waren. Auf Schlachtfeldern der Weltkriege beispielsweise sind so immer noch die Vorkommnisse des damaligen Schreckens gespeichert. Auch wer in Auschwitz über die Wiesen geht, auf denen früher die Baracken der Häftlinge standen, kann das damalige Grauen noch spüren.

Mit der Resonanz dieser morphogenetischen Felder kann man bewusst arbeiten. Ein Beispiel: Bei einem Aufstellungsseminar, das ich auf einer Insel leitete, passierte am dritten Tag etwas Merkwürdiges. Es wurde die Familie einer jüdischen Frau aufgestellt, die über zehn Verwandte in Konzentrationslagern verloren hatte. Einige Minuten nachdem Stellvertreter gebeten wurden, in die Rollen von Opfern und Täter zu gehen, liefen sehr viele Hunde der Insel wie auf Kommando von allen Seiten zusammen und umlagerten den ebenerdig gelegenen Seminarraum mit extremem Bellen, so dass man sein eigenes Wort nicht mehr verstand.

Etwas Vergleichbares hatte der Seminarleiter bis dahin nicht erlebt. Alle Stellvertreter mussten vorübergehend aus den Rollen gehen. Sowohl der Gruppenleiter selbst als auch einige Teilnehmer gingen hinaus zu der Hundemeute, um sie wegzuscheuchen. Doch dies blieb erfolglos. Nun wurde beraten, was man noch tun könnte. Plötzlich kam dem Leiter eine Eingebung.

Die Tür nach draußen wurde geschlossen. Alle setzten sich auf die Stühle, und wir machten eine Übung, indem wir den Hunden sagten, dass wir uns als menschliche Gruppe ganz allein um dieses hier eben entstandene (morphische) Feld kümmern würden. Sie sollten dahin zurückgehen, wo sie herkamen, damit wir uns wieder unserer Aufgabe zuwenden könnten. Zu unser aller Verblüffung verschwanden die Hunde sofort und ließen uns ungestört arbeiten.

Weitere zwei Tage später geschah das Gleiche noch einmal. Wieder wurde eine Familie aufgestellt, die im Holocaust gelitten hatte, und erneut kamen kurz nach dem Aufstellen von Opfern und Täter wie auf Kommando viele Hunde zusammengerannt und bellten laut. Nach unserem kurzen Ritual verschwanden die Hunde sogleich wieder ... Manch einer mag hier von »Zufall« sprechen, doch wer Erfahrung mit Aufstellungsfeldern hat, wer erlebt, wie solche Felder im Moment einer Aufstellung sich entfalten und sich am Ende auch wieder auflösen, wird diese Geschichte nachvollziehen können.

Überall, wo Morde stattgefunden haben, bedarf es keiner Aufstellungen, um solche energiereichen Felder entstehen zu lassen: Sie sind auch ohne weiteres Einwirken vorhanden! Der erlittene menschliche Schrecken bleibt an das betreffende Stück Erde gebunden. Es lohnt sich, darüber nachzudenken, ob Aufstellungsarbeit, die an solchen Plätzen stattfinden würde, nicht vielleicht einen besonderen Sinn haben könnte.

Hier noch ein anderes Beispiel für die Speicherung von Informationen in der Dimension des Raums: Ein befreundeter Therapeut war einmal mit seiner Familie in einer Ferienwohnung im Ausland. In der ersten Nacht schliefen alle Familienmitglieder dort extrem schlecht. Sie hatten Alpträume von Morden und anderen blutigen Szenen.

Mein Freund sagte am Morgen direkt nach dem Aufwachen zu seiner Frau: »Ich habe mich heute Nacht so gefühlt, als ob ich schizophren wäre. Hier in der Wohnung herrscht eine schizophrene Kraft! Lach mich nicht aus, aber zum ersten Mal kann ich körperlich und psychisch nachempfinden, was Schizophrenie ist.« Die Ehefrau nickte nur.

In der zweiten Nacht wiederholte sich alles so wie in der ersten. Man besprach dann am Morgen, ob man diese Wohnung nicht verlassen sollte, denn offensichtlich stimmte hier etwas nicht. Es konnte wohl kein Zufall sein, dass alle Familienmitglieder nachts Alpträume von Morden hatten, obwohl dies sonst nie der Fall war. Nach einer Bergwanderung kam die Familie dann zu der Bleibe zurück, und es stank dort nach Nikotin. Doch niemand in der Familie war Raucher! In der Toilettenschüssel fanden sich mehrere Zigarettenkippen.

Eine Klärung bei der Vermieterin brachte Folgendes zutage: Die Wohnung war eigentlich Eigentum ihres Sohnes. Dieser war schizophren, doch vorübergehend war er gerade aus der Psychiatrie entlassen worden. An jenem Tage ging er mit seinem Wohnungsschlüssel in »seine« Wohnung und rauchte dort ...

Noch etwas zur Schizophrenie: Schlimme geistige Erkrankungen haben auf das Personal von psychiatrischen Kliniken eine »ansteckende« Wirkung. Einmal musste ich einer Pflegekraft dringend raten, ihren Beruf aufzugeben oder in einem »harmloseren« Krankenhausbereich zu arbeiten, weil sie sonst hätte psychotisch werden können. Wie eine Aufstellung zeigte, war ihre eigene Angst davor nur allzu berechtigt. Wer keine robuste seelische Natur hat, für den ist die Psychiatrie als Arbeitsplatz nicht ungefährlich.[16]

Das verfluchte zwangsversteigerte Haus:
Magdalena

Magdalena lebt ebenfalls in einem von den Eltern geerbten Haus. Sie fühlt sich dort unwohl. Es »nerven« sie sowohl die Nachbarn als auch die schwerfällig bollernde Heizung, bei der kein Fachmann bislang für Abhilfe sorgen konnte. Außerdem fühlt sie sich auf dem Anwesen immer depressiver.

Auf meine Frage zur Vorgeschichte des Hauses erzählt sie, dass ihre Eltern es ersteigert hatten. Der Vorbesitzer musste es zwangsversteigern lassen, weil seine Schulden zu hoch waren. Er hatte noch die Hoffnung gehabt, dass Magdalenas Eltern ihn wenigstens als Mieter dort wohnen ließen. Doch als ihm dieser Wunsch nicht gewährt wurde, sprach er öffentlich einen Fluch aus: »Jeder, der in meinem Haus wohnen wird, soll verdammt sein. Er soll unglücklich werden bis zu seinem letzten Tag ...«

Während Magdalena dies erzählt, stellen sich dem Therapeuten alle Haare am Körper auf. Er sagt: »Da liegt viel Kraft auf diesem Fluch, er wirkt immer noch, und zwar auf Sie!«

Magdalena (nickt): »Ich hab das immer schon geahnt!«

Auf den Vorschlag des Therapeuten verneigt sich Magdalena vor dem Vorbesitzer und sagt ihm: »Ich achte dein wirtschaftliches Schicksal und den Verlust deines Hauses. Ich habe mit alldem nichts zu tun, ich war noch nicht geboren, als meine Eltern sich weigerten, dich dort weiter wohnen zu lassen. Bitte schau freundlich, wenn ich mich traue, auf diesem Anwesen doch noch glücklich zu werden.«

Magdalena rinnen viele Tränen die Wangen hinunter, während sie das sagt.

Ein Jahr später habe ich wieder Kontakt mit Magdalena, weil sie nun wegen eines beruflichen Problems kommt. Sie erzählt, sie fühle sich jetzt wesentlich wohler in dem Haus. Es sei zwar noch nicht ganz so, wie sie es sich wünsche, aber doch sehr viel besser als früher. »Sogar die bollernde Heizung hat sich damals nach der Aufstellung entschieden, wieder leise zu arbeiten«, erzählt sie mit einem Schmunzeln.

Manchmal sind die Flüche, die bei Zwangsversteigerungen von Immobilien ausgesprochen werden, so intensiv, dass es tatsächlich das Beste ist, ein solches Haus wieder aufzugeben. Es lässt sich beobachten, dass die Chancen, in weit unter Wert erworbenen Immobilien glücklich zu werden, nicht sehr groß sind. In der Regel wirken Missmut und Neid des Vorbesitzers energetisch höchst ungünstig auf den Käufer und seine Nachfahren. Für solche »Schnäppchen« muss meist ein hoher seelischer Preis bezahlt werden.

Noch eine Geschichte: Einer meiner Freunde hatte sich ein tolles zwangsversteigertes Haus gekauft und freute sich, zigtausend Euro gespart zu haben. Nachdem er alles selbst renoviert hatte und mit der Familie eingezogen war, dauerte es nicht länger als drei Monate, bis er mir sagte: »Ich suche einen Käufer für mein Haus: Meine Frau und ich ... wir haben uns getrennt! Hast du Interesse?« Ich war damals zwar auch auf der Suche nach einer neuen Immobilie, lehnte aber dankend ab!

»Seit siebzehn Jahren will ich ausziehen«: Christian

Vor knapp zwei Jahrzehnten bekam Christian für sich und seine Frau vom Vater ein Haus geschenkt. Mittlerweile lebt er dort allein, weil seine Ehe gescheitert ist. Doch bereits damals dachte er ständig darüber nach, wie er schnellstmöglich wieder aus diesem Haus herauskönnte. Die letzte Zeit nun hat er sich auf die Suche nach einem neuen Domizil gemacht, und er war sogar schon mehrmals unmittelbar vor einer Vertragsunterschrift. Doch dann geschahen jeweils seltsame Phänomene: Auf der Fahrt zum wichtigen Termin platzte beispielsweise der

Reifen, so dass er nochmals Bedenkzeit erhielt. Kurz vor dem nächsten Termin erkrankte dann plötzlich der Hausbesitzer des neuen Objekts.

Christian erzählt: »Ich erhalte stets Hinweise darauf, dass meine Seele den Verkauf des Hauses gar nicht will, sondern dass ich dort endlich heimisch werde. Beim letzten Versuch, es loszuwerden, bin ich krank geworden. Als ich mich dann entschieden hatte, vorläufig doch zu bleiben, war ich bald darauf wieder gesund.«

Der Seminarleiter: »Das klingt alles recht merkwürdig. Warum willst du denn überhaupt raus aus dem Haus?«

Christian: »Die Leute im Dorf sind mir gegenüber voreingenommen. Ich bin ökologisch und politisch auf anderer Linie als sie und auch engagiert ... Im Alltag reagieren sie komisch auf mich. Diesen provinziellen Mief will ich nicht weiter einatmen.«

Der Seminarleiter: »Wie man ins Tal hineinruft, so schallt es heraus ... Vielleicht solltest du beginnen, die Leute positiver zu sehen. Dann sind sie dir gegenüber auch freundlicher. – Wir können das Ganze ja mal aufstellen. Möglicherweise kommt noch etwas ganz Neues an die Oberfläche.«

Es werden Stellvertreter für Christian, das Bleiben sowie fürs Ausziehen und Verkaufen ausgesucht und aufgestellt.

Sehr schnell zeigt sich, dass Christians Stellvertreter das Bleiben angrinst und sich danebenstellt. Sie schauen sich etwas verschwörerisch an. Doch nach einer Weile rückt Christian wieder vorsichtig ab vom Bleiben.

Der Seminarleiter zu Christian: »Du musst bleiben, aber du traust dich nicht, dich dort seelisch zu verankern. Wir werden sehen, woran das liegt. Wer in deiner Familie konnte sich denn in seinem Heim nicht verankern?«

Christian: »Mein Vater war fünf Jahre alt, als seine Mutter starb. Mit zwölf war er Vollwaise, denn da starb sein Vater. Als Waise wuchs er irgendwo in der Fremde auf.«

Der Seminarleiter: »Genau, du wiederholst die Situation deines Vaters. Dabei würde er sich so freuen, wenn du das schafftest, was ihm verwehrt war.«

Es wird ein Stellvertreter für Christians Vater dazugestellt. Christian kommt in die eigene Rolle und soll ihm sagen: »Ich achte dein Schicksal als Vollwaise und dein Aufwachsen in der Fremde. Bitte segne mich, wenn ich mich traue, mir dauerhaft ein Heim zu schaffen.«

Christian schüttelt es. Er schluchzt laut.

Der Seminarleiter: »Dieser Schmerz, den du da gerade spürst, das ist der Kindheitsschmerz deines Vaters. Atme das jetzt bitte aus!«

Der Seminarleiter legt Christian die Hand auf den Rücken, während dieser mit leicht geöffnetem Mund ausatmet.

Der Seminarleiter (nach einer Weile): »Jetzt mach es. Sag deinem Vater den Satz.«

Nachdem Christian dies getan hat, lächelt der Vater seinen Sohn an.

Der Stellvertreter für das Bleiben meldet sich: »Hinter mir fehlt jemand, etwas ganz Wichtiges, ich spüre es deutlich.«

Der Seminarleiter zu Christian: »Was ist denn bei deiner Mutter gewesen? Gibt es da ein ähnliches Thema?«

Christian: »Meine Mutter ist Schlesierin und Heimatvertriebene.«

Der Stellvertreter des Bleibens: »Die sind es. Ich brauche die Mutter und Schlesien hinter mir.«

Die Seminarleiter wählt zwei Frauen für die Mutter und Schlesien aus und stellt sie dazu. Der Mutter geht es nicht gut. Sie ist zwar eng verbunden mit Schlesien, schaut aber dauernd auf einen Punkt am Boden.

Der Seminarleiter fragt: »Ist bei der Flucht aus Schlesien jemand gestorben?«

Christian: »Bei der Flucht nicht, aber im Krieg starb der Bruder meiner Mutter, den sie sehr geliebt hat.«

Auch dieser Verwandte wird nun hinzugenommen. Die Mutter, der Onkel, Schlesien und Christian halten sich an der Hand.

Christian zur Mutter (während er auch Schlesien anschaut): »Liebe Mama, ich achte deinen schweren Verlust um die Heimat und deinen Bruder.«

Die Mutter ist gerührt und umarmt Christian.

Christian schaut den Seminarleiter fragend an: »Dazu kommt noch, dass ich in der DDR aufgewachsen bin. Wir sind damals in den Westen gekommen, lange vor der deutschen Einheit. Der Osten fehlt mir ... Viele Verwandte sind damals dort zurückgeblieben.«

Der Seminarleiter wählt einen Mann für Ostdeutschland aus und stellt ihn dazu. Christians Gesicht bebt. Der Osten geht schweigend auf ihn zu und umarmt ihn lange.

Der Seminarleiter zur Gruppe: »Wie soll man sich bei einer solchen Familiengeschichte trauen, sich irgendwo seelisch zu verankern? [Zu Christian:] Kennst du jetzt den tieferen Grund, warum dir der Vater ein Haus gekauft hat? – Er wollte, dass endlich mal jemand sein dauerhaftes Heim findet!«

Christian nickt.

Der Seminarleiter: »Ich schlage dir ein Ritual vor: Du ziehst jetzt ein zweites Mal in dein Haus ein! Wie du das konkret machst, lasse ich bei dir. Jedenfalls solltest du dir vorstellen, dass alle Familienmitglieder dir dabei zusehen.«

Christian schaut auf das Bleiben, und wieder kommen ihm die Tränen: »Ich fange jetzt noch mal ganz neu an!«
Der Seminarleiter: »Das machst du. Ja!«
Christian umarmt das Bleiben lange.

Christian gab mir vier Wochen später am Telefon Rückmeldung. Zum ersten Mal überhaupt habe er das Gefühl, im richtigen Haus und im richtigen Dorf zu leben. Der Wunsch, hier auszuziehen, sei gar nicht mehr vorhanden. Sein »Intimfeind«, der Heizungsinstallateur von schräg gegenüber, habe ihn zum allerersten Mal seit bald zwei Jahrzehnten beim Spaziergang im Wald freundlich gegrüßt. Bislang hatten sie sich immer nur angegiftet ...
Ein weiteres Dreivierteljahr später rief mich Christian wegen einer Aufstellung an – ob er ein bestimmtes neues Haus kaufen solle, das ein Immobilienhändler ihm angeboten habe! Mir blieb der Mund offen stehen.
Ich sagte ihm: »Aller Wahrscheinlichkeit nach wird es in dem neuen Haus, falls du es kaufst, exakt so weitergehen, wie du es in dem alten erlebt hast. Auch mit der Nachbarschaft wird es sich dort genauso entwickeln, wie du es schon kennst. Von daher ist es völlig egal, ob du umziehst oder nicht!«
Jetzt war es an Christian, verdutzt zu reagieren. Ich versuchte ihm klarzumachen, dass er vermutlich einige Monate nach der Aufstellung wieder aus der erarbeiteten Lösung herausgegangen war. Wenn man sich die massiven Heimatverluste in der Familie vergegenwärtigt, ist es wirklich nicht einfach, sich seelisch an einem Ort zu verankern. Die Solidarität mit den Familienmitgliedern ist sehr groß. In solchen Fällen braucht es keine wiederholte Aufstellung, sondern es genügt, sich innerlich noch einmal in die heilenden Bilder der ersten

zu begeben und eventuell auch die Lösungssätze zu wiederholen.

Seitdem habe ich von Christian nichts mehr gehört. Ob es ihm gelungen ist, dauerhaft in der Lösung zu sein, muss offenbleiben.

»Warum lässt sich unser Haus nicht verkaufen?«:
Julia und Richard

Julia und Richard sind geschieden. Doch immer noch können sie keine getrennten Wege gehen, denn sie besitzen ein Doppelhaus, das sich bislang trotz der Einschaltung von Immobilienmaklern nicht verkaufen ließ.

Der Seminarleiter fragt nach den genauen Besitzverhältnissen. Das Haus ist auf den Namen des Mannes im Grundbuch eingetragen. Doch Julia weist darauf hin, dass die Hälfte des Geldes von ihr stamme. Sie bürge bei den Banken für das Haus und leiste auch regelmäßig Kreditzahlungen.

Nach weiterer genauerer Befragung stellt sich jedoch heraus, dass Julia etwas vergessen hatte; ein Drittel des Geldes war nämlich zu Beginn der Ehe von ihren Schwiegereltern für das Haus zur Verfügung gestellt worden. Somit sind unterm Strich nur etwas mehr als dreißig Prozent des Geldes von Julia.

Da sie immer noch auf ihr finanzielles Engagement verweist, bringt der Seminarleiter einige Fakten der Rechtsprechung mit ein: Demnach hat bei einer Ehescheidung die Frau nicht einfach das Recht, eine frühere Schenkung zum Hauskauf hälftig aufteilen zu lassen. Die Schwiegereltern können beispielsweise mit Erfolg vor Gericht dieses Geld zurückfordern. Der Gesetzgeber geht nämlich davon aus, dass die Schwiegereltern bei der Schenkung in erster Linie ihr leibliches Kind im Auge hatten und nicht unbedingt vom baldigen Scheitern der Beziehung ausgegangen sind.

Der Seminarleiter fragt Julia direkt: »Ist dir bewusst, dass es schwere seelische Folgen für dich hat, wenn du dir jetzt einen höheren Anteil am Hausverkauf erstreitest, als dir eigentlich zusteht?«

Julia (nickt): »Ja, das ist mir klar.«

Der Seminarleiter: »Ist euch auch bewusst, dass dieses Haus deswegen unverkäuflich ist, weil ihr eure Beziehung noch nicht endgültig beendet habt? Erst wenn ihr beide mit euch im Reinen seid, wird es auch auf der materiellen Ebene zu einer Lösung kommen.«

Richard bestätigt das. Er sagt: »Das ist mir völlig klar. Etwas hakt noch. Deswegen würden wir es gern aufstellen. Das Haus ist nämlich eigentlich ein gutes Objekt, vergleichbare Immobilien gehen weg wie geschmierte Brötchen, nur wir bleiben drauf sitzen. Da muss es irgendwelche Gründe geben ...«

Julia erzählt, dass sie den Verkauf schon in verschiedenen Varianten angegangen sind. Da eine Haushälfte frei steht, haben sie versucht, nur diese eine zu verkaufen, doch auch das ging schief.

Der Seminarleiter: »Vielleicht beginnen wir zunächst mal mit dieser praktischen Frage: ›Ist es am besten, alles auf einmal zu verkaufen, oder soll zunächst mal nur der eine Teil angeboten werden?‹«

Julia und Richard suchen nun Stellvertreter für sich aus. Der Seminarleiter tritt vor Richards Stellvertreter und legt ein grünes und ein weißes Käppi vor ihn auf den Boden: »Spüre, zu welchem es dich hinzieht, und behalt es zunächst für dich.«

Dann legt der Seminarleiter auch vor Julias Stellvertreter beide Käppis und bittet sie, sich für eins zu entscheiden. Dabei fällt auf, dass sie eine gewisse Genervtheit und Unwilligkeit an den Tag legt.

Auf Befragen sagt Richard, dass es ihn zu »Grün« zog, während Julia – man möchte fast sagen: natürlich – zu »Weiß« neigte.

Nun nimmt der Seminarleiter ohne Erläuterung eine weitere Frau aus der Gruppe, stellt sie neben Julia und sagt: »Du gehst jetzt in eine Rolle, die ich definiert habe, die du aber noch nicht kennst.« Dann legt er ihr ebenfalls die beiden Käppis vor die Füße. Ohne zu zögern, wählt diese Frau »Grün«.

Der Seminarleiter wendet sich an Julia, die auf dem Stuhl sitzt. Er sagt: »Das ist ein blödes Spielchen, das du da treibst! Du bist aus Prinzip immer gegen das, was Richard will, und du hast nicht die unproblematische Lösung im Auge, du willst eigentlich keine Lösung, aber die da [deutet auf die Frau neben Julias Stellvertreter] – die schon! Sie ist nämlich deine Seele, und sie will auch ›Grün‹, so wie Richard! ›Grün‹ bedeutet, alles auf einmal zu verkaufen. Eigentlich willst du das Haus gar nicht loslassen.«

Julia ist betroffen. Es kommen ihr die Tränen.

Der Seminarleiter geht auf die Stellvertreter zu und bittet Julia und Richard, sich in die Augen zu sehen. Beide weichen etwas voneinander zurück.

Der Seminarleiter: »Eure Trennung scheint gemäß zu sein!«
Sowohl die Stellvertreter als auch das richtige (ehemalige) Paar nicken.

Der Seminarleiter bittet die auf den Stühlen Sitzenden, sich in die Augen zu schauen. Jeder sagt nun dem anderen: »Ich achte alles, was schön war in unserer Beziehung. Ich wünsche dir alles Gute für die Zukunft, und ich halte in Ehren, was ich durch dich gelernt habe.«

Während sie sprechen, spürt man, dass sie sich einmal sehr geliebt haben müssen. Auch die Stellvertreter machen anschließend dasselbe und fühlen sich danach besser.

Nun wählt der Seminarleiter eine Frau aus der Gruppe, die das Doppelhaus darstellen soll, und stellt sie den beiden gegenüber. Richard kann das Haus gelassen anschauen, während Julia zu weinen anfängt.

Der Seminarleiter wendet sich an die zuschauende richtige Julia und fragt: »Was sagst du dazu?«

Julia (schluchzt): »Es stimmt. Ich hab das Haus nicht losgelassen. Es ist so ein tolles Haus. Da hab ich so viel Positives erlebt, und ich will es nicht einfach aufgeben.«

Der Seminarleiter: »Ganz genau! Und deswegen ließ es sich bislang auch nicht verkaufen! Da können sich die Makler noch so viel Mühe geben!«

An dieser Stelle kommen Julia und Richard in ihre eigenen Rollen. Julia dreht sich auf den Wink des Leiters zu ihrer Seele. Die Seele sagt zu Julia: »Lass die Vergangenheit ganz los, auch das Haus, schau in die Zukunft!«

Julia nickt und weint. Nach Aufforderung des Seminarleiters sagt sie dem Haus: »Ich lasse dich jetzt ganz los – mit allem!«

Das Haus (nickt): »Das kam jetzt an!«

Auch Richard sagt ganz ruhig den gleichen Satz. Nun blicken sie sich in die Augen und umarmen sich innig.

Der Seminarleiter tritt hinzu und sagt: »Bitte atmet jetzt alles Gute ein, was ihr in eurer Ehe mit dem anderen erlebt habt.«

Anschließend kann jeder dem anderen mit Ruhe und Kraft sagen: »Wir schaffen das! Wir können das Haus zusammen verkaufen.«

Der Seminarleiter: »Das war jetzt sehr gut.«

»Seit ich dort lebe, bin ich wütend«:
Thorsten

Thorsten besitzt ein Grundstück, das er von den Eltern geerbt hat und auf dem ein sehr altes Haus steht, worin er auch wohnt. Erst seit er dort vor einiger Zeit eingezogen ist, wird er ständig unkontrolliert wütend. Die Wut kann sich völlig spontan äußern, zum Beispiel beim Gang durch den Garten oder wenn er eine Treppe betritt.

Thorsten sagt: »Das kommt mir alles sehr merkwürdig vor. Ich vermute, irgendetwas stimmt mit dem Grundstück nicht.«

Thorsten wählt einen männlichen Stellvertreter für seine Wut. Der Seminarleiter legt zwei Käppis vor ihm auf den Boden, die einen Meter weit auseinanderliegen, und sagt: »Spüre, wohin es dich zieht.«

Die Wut zeigt auf das rechte Käppi: »Da will ich hin.«

Der Seminarleiter zu Thorsten: »Wir sollten das Haus mit dem Grundstück aufstellen.«

Thorsten nickt. Er stellt zusätzlich sich selbst auf und auch einen Mann für das Grundstück mit dem darauf befindlichen Haus. Die Wut zieht es sofort zu dem Haus.

Der Seminarleiter zu Thorsten: »Ist jemand beim Erben in dieser oder einer früheren Generation benachteiligt worden?«

Thorsten schüttelt zunächst den Kopf, dann sagt er: »Mein Vater hat das Grundstück von einer Tante erhalten. Vielleicht ist jemand von den anderen drei Geschwistern eifersüchtig gewesen, obwohl sie ausbezahlt wurden.«

Es werden zwei Frauen und ein Mann für die Geschwister des Vaters hinzugestellt. Eine Frau zieht es gleich nach hinten. Sie hat nichts mit der Wut zu tun.

Auch der Onkel sieht gleichgültig aus. Doch die andere Tante, das älteste von allen Geschwistern, sieht zur Wut hin und nickt. »Sie gehört zu mir«, sagt sie. »Ich bin wütend auf meinen Bruder, denn ich finde, dass ich zu kurz gekommen bin.«

Thorsten besitzt keine Informationen darüber, wie fair es damals bei der Aufteilung des Erbes zugegangen ist. Jedenfalls fühlt sich nur diese eine Tante benachteiligt. Thorsten kommt nun in die eigene Rolle und verbeugt sich vor ihr. Er sagt ihr anschließend: »Heute wohne ich auf dem Grundstück. Bitte schau freundlich auf mich.«

Die Tante hat mit ihrem Neffen kein Problem, doch der Stellvertreter für das Grundstück lacht vor sich hin und sagt: »Das ist nicht das Entscheidende ...« Er dreht sich in eine andere Richtung, als ob er dort jemanden suche.

Der Seminarleiter bittet eine Frau aus der Gruppe, sich dorthin zu stellen. Diese Stellvertreterin schaut traurig aus: »Ich fühle mich von oben herab behandelt, missbraucht.«

Der Seminarleiter stellt einen Mann aus der Gruppe hinzu und sagt: »Überlasst euch schweigend euren Bewegungen.«

Es ist nicht entscheidend, zu wissen, wen genau diese beiden repräsentieren.

Thorsten geht zu der Frau und stellt sich neben sie. Durch eine Geste lädt er den Mann auch ein, sich neben ihn zu stellen. Mit den Schultern kann er beide spüren, während er sanft atmet und die Augen schließt. Nach einer Weile sagt er: »Es wird immer wärmer und wohliger.«

Der Seminarleiter: »Wenn in den nächsten Wochen oder Monaten die Wut wiederkommt, stellst du dich innerlich zwischen diese beiden hier und atmest so wie jetzt, und dann wartest du ab, einverstanden?«

Thorsten nickt. Sein Gesicht ist ganz entspannt.

Der Seminarleiter bittet Thorsten, sich nun zum Haus und zur Wut zu stellen. Auf Befragen, wie es ihr gehe, sagt die Wut: »Er soll mich nicht nur als etwas Schlechtes ansehen, ich habe hier viel bewegt!«

Thorsten schaut ihr freundlich in die Augen und sagt: »Ich achte, was du mit deiner Kraft bewegt hast.«

Der Stellvertreter der Wut erwidert: »Ja, das hat mir hier gefehlt.«

Thorsten schaut zum Grundstück, das neben ihm steht. Er strahlt, doch es wird unruhig. »Und immer noch fehlt hier etwas!«, sagt der Vertreter des Grundstücks und schaut auf eine mehrere Meter entfernte Stelle des Bodens.

Der Seminarleiter: »Dort auf dem Boden liegt ein getötetes Ba...«

Der Stellvertreter von Thorstens Vater fällt dem Seminarleiter ins Wort und sagt: »Ein totes kleines Kind liegt da. Ich sehe es!«

Der Seminarleiter: »Genau, wir beide haben es in derselben Sekunde gesehen.«

Der Seminarleiter wählt eine Frau für das tote Kind aus, die sich auf den Boden legt. Nachdem sie sich in die Rolle eingefühlt hat, sagt sie: »Sie haben mich getötet, aber ich hätte gern noch gelebt.«

Der Seminarleiter zu Thorsten: »Für dieses Kind, das noch an das Grundstück gebunden ist, musst du ein Ritual durchführen, dann wird Frieden einkehren. Was du tun kannst, erzähle ich dir in einer Seminarpause.«

Thorsten sieht zum Stellvertreter des Grundstücks, und zum allerersten Mal kann dieser Thorsten ohne Vorbehalt anschauen. Sie lächeln sich an.

Offensichtlich ist auf Häusern und auf Grundstücken alles an Emotionen und Gefühlen gespeichert, was jemals dort stattgefunden hat. Für Thorsten ist es wie gesagt nicht wichtig, herauszufinden, wer genau in der langen Geschichte des Wohnsitzes in diesem Hause gelitten hat, aber auch, welcher Säugling hier getötet wurde. Es genügt für ihn, dass er in Achtung und Liebe all dieser Personen gedenkt.

Im Hinblick auf das tote Kind habe ich Thorsten vorgeschlagen, dass er in Einklang mit seinen eigenen religiösen Vorstellungen ein Ritual auf dem Grundstück durchführen soll. Beispielsweise kann man ein Gebet für das Kind sprechen, damit es endlich seine Ruhe findet und ins Licht geht. Man kann auch etwas mit Blumen, Klangschalen oder geistlicher Musik arrangieren. Was auch immer man tut, es soll von Herzen für das Kind getan werden, dann wird dessen Seele nicht länger an das Haus oder das Grundstück gebunden sein.

»Soll ich aus dem geerbten Haus ausziehen?«: Veronika

Veronika hat in einem Seminar ihre Herkunftsfamilie aufgestellt. Dabei zeigt sich viel Schweres: Ihre Mutter starb an einem Tumor, als Veronika drei Jahre alt war. Schon die Großmutter war krebskrank und schied aus dem Leben, als die Mutter zehn Jahre alt war. Außerdem war die Mutter als Kind von ihrem Vater lange Zeit sexuell missbraucht worden.

All diese Tragödien ereigneten sich in jenem Haus, das Veronika zwei Jahre zuvor von ihrem verstorbenen Vater geerbt hat. Momentan lebt sie dort und stellt sich die Frage, ob sie es weiter verkraftet, sich an diesem qualvollen Platz aufzuhalten.

Veronika wählt Stellvertreterinnen für sich selbst, für »Im geerbten Haus bleiben« und für den Umzug in ein neues Haus. Unmittelbar nach dem Aufstellen bricht die Stellvertreterin für das Bleiben zusammen, während die für das neue Haus Veronika freundlich zuwinkt.

Veronika kommt in ihre eigene Rolle. Sie lässt sich nicht lange bitten, sondern eilt auf die Vertreterin für das neue Haus zu. Sie fällt ihr seufzend und mit Freudentränen in die Arme. Auf die Vertreterin des alten Hauses hat dies eine gute Wirkung. Auch sie seufzt.

Nach Beendigung der Aufstellung berichtet Veronika, dass sie stets das Gefühl hatte, »die Stellung halten zu müssen«. Sie dachte, sie sei verpflichtet, das alte Erbe zu bewahren, und habe dabei zu wenig auf sich selbst geschaut. Jetzt könne sie das alte Haus mit gutem Gewissen loslassen.

Die Stellvertreterin des alten Hauses meldet sich da zu Wort: »Mir ging es sofort besser, als sich Veronika auf das neue Haus eingelassen hat. Es wird für sie ein guter, neuer Anfang werden.«

Anmerkungen

1 Ausführlich auf das Thema »Mann und Frau« bin ich eingegangen in *Wie aus Leiden wieder Liebe wird – Mann und Frau aus Sicht des Familien-Stellens,* München 2007.

2 Vgl. Thomas Schäfer: *Was die Seele krank macht und was sie heilt – Die psychotherapeutische Arbeit Bert Hellingers,* München 2003.

3 Ich verwende die großen, schweren Holzfiguren, die meine Kollegin Helga Mack-Hamprecht entwickelt hat (»Strukties«). Ebenso arbeite ich mit Papierscheiben.

4 Vgl. Thomas Schäfer: *Was den Körper krank macht – Wege zur Gesundheit durch Systemische Aufstellungen,* München 2006, S. 106 ff.

5 Der Artikel liegt mir vor. Aus Datenschutzgründen wurde der Name geändert.

6 An Gesundheitsämter kann man sich zur Prüfung für den »Großen« und für den »Kleinen Heilpraktiker« wenden. Letzterer muss sich auf die Psychotherapie beschränken.

7 Ausführlicheres zur unterbrochenen Hinbewegung finden Sie in Schäfer: *Was die Seele krank macht und was sie heilt,* a. a. O., S. 116 ff.

8 Vgl. Thomas Schäfer: *Wenn Dornröschen nicht mehr aufwacht – Die Botschaft der Märchen in Familienaufstellungen,* München 2008, S. 88 ff.

9 Vgl. Schäfer: *Was den Körper krank macht,* a. a. O., S. 20 ff.

10 In meiner Arbeit hat sich die Methode »Somatic Experience« nach Dr. Peter Levine als sehr wertvoll erwiesen.

11 Vgl. Schäfer: *Wenn Dornröschen nicht mehr aufwacht,* a. a. O., S. 127 ff.

12 Wenn man den Tätern das Menschsein aberkennt und sie aus der Familie ausschließt, kommen keine dauerhaften Lösungen zustande. Dies jedenfalls haben die ersten Jahre des Familien-Stellens gezeigt, in denen die Täter oft vor die Tür geschickt wurden. Der Blick auf das unbegreifliche Weltenschicksal beschleunigt das Finden von Lösungen.

13 Ausführlich auf Sterbehilfe, Organtransplantation und verwandte Themen bin ich eingegangen in meinem Buch über Leben und Tod, aus dem diese Geschichte entnommen wurde. Vgl. Thomas Schäfer: *Wie der Tod dem Leben dient – Abschied und Sterben im Familien-Stellen,* München 2008, S. 197 ff.

14 Es handelt sich natürlich nicht um Siemens, sondern um eine andere bekannte deutsche Firma.

15 Vgl. Rupert Sheldrake: *Sieben Experimente, die die Welt verändern könnten,* München 1997, S. 93.

16 Vgl. Schäfer: *Was den Körper krank macht,* a. a. O., S. 95 ff.

Veröffentlichungen des Autors

Folgende Bücher von Thomas Schäfer sind im Droemer Knaur Verlag erschienen:

Was den Körper krank macht – Wege zur Gesundheit durch Systemische Aufstellungen, 2006

Wie aus Leiden wieder Liebe wird – Mann und Frau aus Sicht des Familien-Stellens, 2007

Wie der Tod dem Leben dient – Abschied und Sterben im Familien-Stellen, 2008

Wenn Liebe allein den Kindern nicht hilft – Heilende Wege in Bert Hellingers Psychotherapie, 2002

Wenn Dornröschen nicht mehr aufwacht – Die Botschaft der Märchen in Familienaufstellungen, 2008

Was die Seele krank macht und was sie heilt – Die psychotherapeutische Arbeit Bert Hellingers, 2003

So wird Ihr Kind bärenstark – Ein therapeutisches Vorlesebuch für Kinder, 2009

Stichwortverzeichnis

Adressen

Informationen über Seminare, weitere Bücher des Autors und seine Arbeit:

Thomas Schäfer
Burgweg 27
78333 Stockach-Wahlwies
Tel.: 07771 919405
www.FamilienaufstellungenThoSchaefer.de
tho.schaefer@t-online.de

Allgemeine Informationen und Therapeutenliste des deutsch-sprachigen Raums:

www.bert-hellinger.com/www.familienaufstellung.org

oder

DGfS Deutsche Gesellschaft für Systemaufstellungen
Germaniastraße 12
80802 München
Tel.: 089 38102710
Fax: 089 38102712
www.familienaufstellung.org
info@familienaufstellung.org